U0395954

"十二五"江苏省高等学校重点教材

编号：2014-1-093

施建平 张茵 郑蓉蓉/编著

服装画应用技法与服装工艺设计

（第二版）

苏州大学出版社
Soochow University Press

图书在版编目(CIP)数据

服装画应用技法与服装工艺设计/施建平,张茵,
郑蓉蓉编著. —2版. —苏州:苏州大学出版社,
2016.6
"十二五"江苏省高等学校重点教材
ISBN 978-7-5672-0480-5

Ⅰ.①服… Ⅱ.①施… ②张… ③郑… Ⅲ.①服装—
绘画—技法(美术)—高等学校—教材 ②服装—设计—高
等学校—教材 Ⅳ.①TS941.2

中国版本图书馆 CIP 数据核字(2016)第 051351 号

内容简介

服装画应用技法与工艺设计是当今服装设计中一个创新的课题,它体现出人体结构与服装造型相结合的技术美,是服装画延伸到服装工艺制作过程中的必要手段。本书共分七章,主要内容包括服装画与工艺设计概述、服装画人体及各种表现、服装画色彩基本知识、服装画表现技法、服装工艺制作与造型、服装设计图的工艺实现、服装画应用案例。本书涵盖了服装画技法与服装工艺学习中各个层面的不同环节内容,并附有三百余幅经典图例和范例分析,图文并茂,针对性强,便于临摹学习,具有较强的实用性和可操作性,旨在培养读者全面掌握服装专业相关理论知识和专业技能。

服装画应用技法与服装工艺设计(第二版)

施建平　张　茵　郑蓉蓉　编著

责任编辑　方　圆

苏州大学出版社出版发行
(地址:苏州市十梓街 1 号　邮编:215006)
苏州工业园区美柯乐制版印务有限责任公司印装
(地址:苏州工业园区娄葑镇东兴路 7-1 号　邮编:215021)

开本 889 mm×1 194mm　1/16　印张 13.25　字数 330 千
2016 年 6 月第 1 版　2016 年 6 月第 1 次印刷
ISBN 978-7-5672-0480-5　定价:58.00 元

苏州大学版图书若有印装错误,本社负责调换
苏州大学出版社营销部　电话:0512-65225020
苏州大学出版社网址　http://www.sudapress.com

第 二 版 前 言

本教材自 2011 年出版以来，成为全国各地许多高等院校服装设计与工程专业课程教材和自学考试教材，不少纺织服装企业还将其指定为参考用书，2014 年本教材立项为江苏省高等学校重点修订教材。

在教材修订过程中，我们主要考虑服装画与服装工艺的实用性与针对性，因而在体例和内容上不求面面俱到、包罗万象，而是既要顾及内容的涵盖性，又要强调将知识性、可读性和生动性融为一体。因此，本教材增加了彩色服饰配件图例、服装画色彩基础、服装画色彩搭配类型、服装画色彩灵感启示、水粉颜料表现要点和服装工艺彩色图例以及服装画应用案例等内容。修订版教材更加注重教材内容的完整性、丰富性和装帧设计的美观性。

近几年来，随着全国纺织服装院校积极探索教育教学改革，产生了许多新思路、新观念、新理论、新方法和新技巧，切实提高了人才培养的技术应用性和技术高新性，加强了服装专业教学的针对性、先进性和前瞻性。在这样的大背景下，本教材修订在注重理论的系统性与科学性的同时，更强调实践的应用性和操作性。

服装画与服装工艺设计是紧密联系在一起的。服装画是服装设计师用来表达设计构思、创意灵感和展现服装穿着效果的一种绘画形式，也是服装设计师对流行信息的形象化表现。服装画研究人体结构、服装款式造型、服装结构、配饰及其表现技法等，它是表现服装设计意念的必需手段；服装工艺设计则是实现服装画中的款式和结构要求，准确理解服装设计师的设计意图，并在工艺制作上符合其艺术性、审美性和实用性的原则。服装画与服装工艺是相互依存、相互作用的，都是服装设计的重要组成部分，其知识结构都涉及人体解剖学、服装美术设计学、服装色彩学、服装卫生学、服装造型设计学、服装生产工艺学和美学等学科。因此，服装画与服装工艺是艺术和技术相互融合、理论和实践密切结合的实践性较强的综合性学科。

本书由施建平、张茵、郑蓉蓉编著。具体分工为：施建平负责第一章、第二章、第三章、第四章（文）的编写工作；张茵负责第四章（图）及第七章的编写工作；郑蓉蓉负责第五章、第六章的编写工作；最后由施建平担任全书的修改、整合和定稿工作。本书是作者近几年服装画教学和服装设计实践的经验总结，在内容和形式上都有新的提高和突破。希望本书的出版能够丰富服装专业的教学模式，为我国服装专业建设起到推动作用。

在本书的编撰过程中，我们得到了江苏省教育厅领导、苏州大学教务处领导、苏州大学出版社领导和各位专家的鼎力帮助，在此一并表示感谢；同时感谢柳文博、于芳、匡才远三位老师给予的支持与帮助；还要感谢曾经使用过、阅读过此教材的院校师生和读者们。"他山之石可以攻玉"，望各位专家、学者、同行不吝赐教。

本书采用的部分图片无法及时与有关作者取得联系，在此深表歉意。恳请有关作者与我们联系，以便寄奉稿酬。

2015 年 11 月于姑苏枕河

目　　录

第一章

服装画与服装工艺设计概述

第一节 ◉
服装画与服装工艺设计基础

一、服装画的地位

服装画是服装设计师用来表达设计构思、创意灵感和展现服装穿着效果的一种绘画形式，也是服装设计师对流行信息的形象化表现。服装画又称为服装设计图，是整个服装设计过程中的第一个环节，是传达服装设计师设计意图的最好的表达方式，在企业生产中起着指导性的作用。

服装画为服装设计师提供了可以驰骋的天地，是衔接服装工艺师与消费者之间的桥梁。从现代服装设计的特点来看，服装画既要讲究画面的立体效果，又要充分反映出穿着效果的适体美。服装画集人文、艺术、审美情趣于一体，它比服装本身及着装模特更具典型，更能反映服装的风格、魅力与特征，因此更加充满生命力。

服装画体现服装色彩、造型、材质之间相互搭配组合的设计美，这种美不同于单纯的艺术美，单纯的艺术美只能满足人们精神的需要，而服装画在关注艺术美的同时，还注重实用美，以满足人们的穿着需要。好的服装画能把服装美的精髓、美的灵魂表现出来。

例如，设计师在绘制服装画时，如果由于技法不够熟练而不能完整地画出服装款式的话，制作工艺便失去了凭借。一幅优秀的服装画，在服装制作生产前尚可根据服装画的款式，通过企划人员共商改进，使之更完美，从而减少失败的机率，降低样衣一改再改的制作成本。所以说，服装画在服装设计中具有非常重要的地位。

二、服装画与服装工艺设计的关系

服装画不同于纯粹的美术创作，其"画"字的含义区别于传统人物绘画和超现实主义人物绘画的含义。传统人物绘画是画家通过对人物的细节、表情和动态等方面的刻画来表现画家所想表达的内在本质，画中所描绘的人物形象与表现的时间、背景、色彩、光影等都是围绕着其内在本质所创作的；而服装画应表现出服装的款式、内在结构线、装饰线、面料、配饰和图案的特点以及色彩的搭配关系，但不必像传统人物绘画那样去描绘人物的个性与丰富的内在情感。

服装工艺设计是对服装画进行结构设计再将其转变为产品的关键步骤。作为服装设计师，应从两个层面掌握服装工艺设计：一是基础工艺，如缝制工艺、装饰工艺、部件辅料、放缝排料、部位部件工艺、整件服装组合工艺、组合示意图及相应的工艺等；二是成衣加工工艺，包括生产的准备、裁剪工艺、缝制工艺、熨烫塑形工艺、成品品质控制、后整理、生产技术文件的制订、生产流水线的设计等。

服装画与服装工艺设计是紧密联系在一起的。服装画是研究服装款式以及内在结构线的相互关系，兼备装饰性与功能性的设计规律和方法；服装工艺设计则可以实现服装画中的款式和结构要求，它与服装画之间是相互依存、相互作用的。服装画与服装工艺设计的理论和实践都是服装设计的重要组成部分，其知识结构都涉及人体解剖学、服装美术设计学、服装色彩学、服装卫生学、服装造型设计学、服装生产工艺学和美学等学科。服装画与服装工艺设计是艺术和技术相互融合、理论和实践密切结合的实践性较强的综合性学科。

完成了优秀的服装画不能说这件服装就成功了，还要与服装工艺相结合。在日常穿着中我们常常有这样的经历：有些较宽松的服装不贴体，空荡荡的显得十分臃肿；有些服装穿在身上却带来行动举止的不方便；有些上衣塌肩；有些裤子吊裆；有些男式衬衫系上领带后，领子会向上爬伸或后领豁开等，所有这些弊病都与服装生产工艺有关，可见服装画与服装工艺生产的紧密结合是十分重要的。

第二节 ◉
学习本课程的目的和方法

一、学习目的

学习本课程有三个目的：一是能表现服装的形象美，体现服装的穿着整体效果，迅速地表现服装的美感，并从感性认识上升为理性认识；二是能从工艺设计的角度来审视服装成衣的技术性，熟练掌握和运用服装设计图的各种表现技法和各种工艺技术，并应用于服装设计、生产和制作之中；三是能够生动地、准确地画一手漂亮的服装画，培养良好的艺术审美习惯，开发时尚的服装款式，体现精妙的设计创意，这些都是服装设计师应具备的基本素质和能力。

二、学习方法

服装画与服装工艺设计是为服装服务的。学习服装画应首先对服装的人体结构、服装效果图、平面结构图、制作工艺、面料质感、配色技巧等知识有所掌握，不断地学习各种表现技法，尝试使用各种工具，使服装画更能适合服装工艺设计的要求。

1. 熟悉人体比例

学习服装设计之前必须熟悉人体结构和人体解剖方面的知识，如人体比例及人体骨骼和肌肉的构造，男性、女性的不同体态特征，人体各部位关节活动范围及运动的基本规律。在学习中，可以通过画石膏人体、素描人体及速写来仔细研究人体结构；也可以找一些人体解剖的书籍进行临摹和速写，借此提高对人体的了解以及对线条的把握能力。

2. 掌握着装表现

着装是服装成衣的最终目的，要将服装穿到人体上才能体现出服装的立体效果。在表现人体着装时首先要在人体画的基础上画出服装的外轮廓线，注意服装与人体之间的紧贴与宽松的关系：贴体的部位应体现出人体肌肉线条的起伏；宽松的部位应体现出服装与人体之间的空间感。除此之外，还应考虑到因人体运动而产生的衣纹变化，特别是肘部、腰部和膝部关节处的衣纹变化。画衣纹时贴身部位的线条要明确、肯定，人体宽松部位的线条要轻松、流畅。然后再画出服装的局部细节和配饰品。服装的局部细节要根据人体运动后产生的透视变化来表现。例如，身体平侧时，人体的中心线也相应地偏向一边；在表现服装的左右口袋、扣子、领子等细节部位时，在视觉上要给人以平衡感。

3. 加强临摹与写生

服装画的表现能力是通过造型和技法的训练体现出来的，若想在短期内迅速地提高服装画的技能，就要加强临摹与写生训练。

临摹的目的是为了认识和掌握服装画的规律，可先人体后着装，先简单后复杂，循序渐进。临摹可通过以下两个途径进行：一是临摹他人的优秀服装画作品；二是临摹时装摄影图片。在临摹过程中，不断地观察、分析、琢磨、实践，积累经验，从而做到心中有数，得心应手地表达自己的服装设计意图。

写生的目的是培养眼与手的配合能力，使理性与情感、现实与理想在服装画作品中获得完美统一。写生是直接面对真人真物进行描绘的一种表现方法，其重点是人体外形和比例结构。描绘时，要注意加强对人物动态的捕捉，生动、准确地刻画各种性别、年龄、神态的人物形象，以培养服装的造型能力和创作的想象力。

4. 采集时尚信息

服装设计是时尚行业，作为其表现形式的服装画，也要体现时尚感。国际上许多顶级服装设计师都是非常优秀的服装画家，主要在于他们对时尚信息的敏感，以至能时刻引领流行、创造流行，有些大师的服装绘画作品至今仍引人注目。现代社会捕捉信息的方式很多，如当代绘画艺术、摄影、音乐、平面广告、电影、各类媒体等向我们传递出很多时尚的信息，我们可以对这些信息进行及时、准确的处理，并将其吸收到服装画中。

5. 重视服装工艺

对服装生产的每一道工序，如打版、选料、裁剪、配色、图案设计、缝制、试穿补正、整烫等都要全面掌握，只有这样才能使服装工艺与服装画的效果图一致，并符合服装设计师的设计意图、风格和美感。服装成衣以最大限度地符合服装工艺设计的可行性、经济性和方便性为原则，使服装造型更加新颖美观、衣缝结构更加精致、线条更加简洁流畅，从而引导消费者的选购和接受。

第三节 ◉
服装画的工具

一、笔类

（1）铅笔。有软硬之分，软质的是 B—8B；硬质的是 H—12H。在服装画草稿阶段，常选用软硬适中的 HB 铅笔。

（2）彩色铅笔。作用和铅笔相同，采用多种颜色表现服装的风格特色。

（3）水溶彩色铅笔。兼有铅笔和水彩的功能，着色时有铅笔的笔触，晕染后有水彩的效果。携带方便，使用快捷。

（4）绘图笔。也称针管笔，笔尖为 0.1~0.9 毫米粗细不等。一般配合使用黑色墨水，适用于勾线以及排列线条。

（5）圆珠笔。带有油性。在服装画中一般在局部面积辅助使用。其作用类似于钢笔和绘图笔。

（6）麦克笔。分水性和油性两种，笔头有粗细之分。色彩种类丰富，其透明感类似于水彩和彩色水笔的效果。

（7）蜡笔和油画棒。有一定的油性，笔触较为粗犷，一般用于表现服装画中的毛线衣和编织物。

（8）毛笔。有软毫、硬毫和兼毫三大类。软毫笔采用柔软的山羊毛制成，笔锋较软，吸水量大，弹性弱。硬毫笔多用优质黄鼠狼的尾毫制成，笔锋较硬挺，弹性好，吸水量小，多用于勾线。兼毫笔是用一定比例的羊毛和黄鼠狼毛混合制成的。

（9）水粉笔。有两种类型：一种是羊毫与狼毫混合型，弹性适中，含水、含色量多，能较好地覆盖颜色。另一是尼龙型，一般用于绘制装饰画。绘制服装画多用扁平笔头的羊毫与狼毫混合型水粉笔。

二、颜料类

服装画最常用的是水粉颜料和水彩颜料两种。

水粉颜料亦称广告颜料、宣传色，国内常用品牌为马利牌。水粉颜料是由树胶粉质水性颜料发展而来，由于具有覆盖力强的特点，所以也称作不透明颜料。可用于较厚的着色，大面积上色时也不会出现不均匀现象。由于廉价，易学易用，常作为初学者学习色彩画的入门画材，其用法可以模拟油画技法。由于现代广告业的兴起，这种材料亦被用于海报和广告制作。

水彩颜料在国内的常用品牌为马利牌，国外的常用品牌为温莎牛顿。水彩具有透明度高的特点，色彩重叠时，下面的颜色会透上来。水彩给人的感觉有两种，一种是"水"的感觉，非常流畅和透明；另一种是"色彩"的感觉，各种不同的色彩使我们感受到世界万物的多姿多彩。

三、纸类

（1）水粉纸。纸纹较粗，有一定的吸水性，颜料易于附着，是服装画最为常用的纸张。

（2）水彩纸。纸纹有粗细之分，纸质坚实，经得住擦洗。因作画时需使用大量水分，只有其特有的凹凸不平的颗粒才能有效地留存水分，呈现湿润感。

（3）素描纸。纸质不够坚实，上色时不宜反复揉擦，吸水能力过强，颜色易灰暗。因此作画时，应适当将颜色调厚、加纯。由于这种纸张遇水性颜料时不易平展，因此应将纸张裱在画板上作画。

（4）拷贝纸。可用来拷贝画搞的纸张有两种，一种为拷贝纸，纸张较薄，为透明色；另一种为硫酸纸，纸张较厚，为半透明色，多用于工程制图，也可用来拷贝画稿。

（5）宣纸。分生宣、熟宣、皮宣。生宣质地较薄，吸水性能强，润化性快；熟宣不易吸水，适用工笔画；皮宣的吸水性介于生宣与熟宣之间，可用来表现带有中国画风格的服装效果图。

（6）色粉纸。质地粗糙，适合于色粉附着。一般都带有底色，常用的有黑色、深灰色、灰棕色、深土黄色、土绿色等。可巧妙地借用纸张的颜色作为服装画背景色。

（7）白报纸。质地较薄，吸水性能差，不适合使用以水调和的水粉、水彩等颜料，只适用于铅笔草稿或速写。

（8）卡纸。质地洁白、纸面平整，有一定的厚度。上色时反复涂改纸面也不易擦毛，而且颜色能保持饱满鲜艳。卡纸中还有黑卡纸、灰卡纸，有时也可利用卡纸的色彩作为背景色。

第二章

服装画人体及其表现

人体是大自然完美的作品，是自然界最具魅力、最富于变化的造型体。服装画设计必须依附于人体，以人体为基准，创造出千姿百态的服装款式。领悟人体大形结构和比例，深刻地表现出服装画的内在结构，准确地表达服装设计意图，是画好时装画的前提。服装画所要表现的人体，是经过艺术的夸张提炼而成的，具有典型性和理想化的特征。

第一节 ◉
人体大形和比例

一、人体大形

服装画中的人体，是将真实、复杂的人体归纳概括成简单而容易理解的几何体。因为几何体是最明确、最简练的造型，也是最容易让人认识和掌握的形体，因而把人体概括为简练的几何体，绘制服装画时就不至于在复杂的人体结构面前感到束手无策。需要注意的是，随着人体姿态的运动变化，这些几何体的角度和方向会发生一些变化，但形体仍然保持原样。

人体结构由四大部分组成：头部（脑颅和面颅）、躯干（颈部、胸部、腹部）、上肢（肩部、上臂、肘部、前臂、腕部和手部）、下肢（髋部、大腿、膝部、小腿、踝部、脚部）。一般来说，人体头部呈蛋形立方体，颈部呈圆柱体立方体，肩胛呈楔形立方体，肋骨骨架呈梯形立方体，骨盆骨架呈梯形立方体，上臂呈圆柱体立方体，下臂呈

圆锥体立方体，大腿呈圆锥体立方体，小腿呈圆锥体立方体，手呈菱形立方体，脚呈锥形（图 2-1 ）。

图 2-1　人体大体（作者：李明、胡迅）

二、人体比例

人体的美，不在于其身材的高、矮、胖、瘦，而在于各个部位之间的比例协调与匀称。了解和掌握人体比例对于时装画来说是至关重要的，因为比例的失调就意味着形体的失态。通常，人体的标准长度是以头为基准，东方人约7个头高，西方人约8个头高。而在服装画的表现中，为了创造理想的人体形象，人物的比例会进行必要的概括和夸张，以充分表现出完美、悦目的人体造型，使之体现出服装多姿多彩的魅力。

当代服装画中理想人体的长度比例为9个头比例（图2-2），带有浪漫、夸张的形体，颇具现代感。9个头比例除了颈部和手臂略为延长一点外，其变化主要是夸张和拉长腿部的长度，有意识地塑造成"长腿人"。修长圆美的腿部，使女性显得妩媚秀丽，男性显得魁梧健美。在具体作画时，依据款式的需要，有时还将人体的长度画成9个半头、10个头，甚至10个头以上，看似超出常规，甚至极为夸张，但它表现和寄托着人类在服装形象中的审美趣味和审美理想。

第二节 ◉
男女人体比较

一、男性

男性脸颊呈方直形，颈部粗壮，喉结突出，肩膀宽厚，头的长度占肩宽的1/2，胸肌发达而转折明显，腰身挺拔，臀部窄小。手大指粗，手腕恰好垂在大腿分叉的平面上。双肘约居于肚脐的水平线上。双膝在人体高的1/4偏上处。腿部肌肉明显，足宽大。男性骨骼和肌肉结实，线条直而挺，呈现直线型的阳刚之气［图2-3（A）］。

二、女性

女性脸颊较小，颈部细长圆润。肩部较狭，略宽于1.5个头长。乳房丰隆，腰部纤细，腰宽为一个头长，肚脐位于腰线稍下方。臀部丰满低垂。手臂纤柔细长，臂肌较小且不明显，手小娇嫩。大腿富有脂肪，从膝向下画小腿可以稍微画得长些，能使女性更显得匀称俊俏，妩媚秀丽。脚踝细弱，足小而趾细。

女性四肢修长，体形苗条挺拔。肌肉不太显著，头发飘逸、胸部丰满，盆骨大而圆润，呈现曲线型的阴柔之美［图2-3（B）］。

第三节 ◉
头部画法

一、头部五官

五官是头部的重要构成因素，也是把握服装画人物神态的关键内容之一。五官比例分为"三庭五眼"。"三庭"是指将面部正面从额头发际线到下颚分为三等分：上庭指发际线至眉线，中庭指眉线至鼻底线，下庭指鼻底线至颏底线。"五眼"指将面部正面两边发际线之间分为五等分，以一个眼宽为一等分，整个面部的宽度分为五个眼的距离。按"三庭五眼"比例画出来的服装画人物面部是和谐美观的（图2-4）。一般来说，人物的脸形可用汉字形态归为八种："国"、"用"、"风"、"目"、"田"、"由"、"申"、"甲"。"国"字形脸，方正稍长；"用"字形脸，额部方正，下巴颏宽大；"风"字形脸，上窄下宽，即两腮、两颧宽大，额部窄小；"目"字形脸，头形狭长；"田"字形脸，面形方正；"由"字形脸，额部较窄，两颊和下巴处宽；"申"字形脸，颧骨处宽，额部、下巴处较窄；"甲"字形脸，额部和颧骨处宽度接近，面颊肌肉显著内收，下巴窄尖。

二、眉的结构和画法

眉依附在眉弓上，决定了眉毛上下两列的颜色与形状走向。眉头与眉梢的颜色有明显的深浅区别，其交汇处常是眉毛最亮和最深的地方。注意了这些问题，眉弓的体积就容易表现出来。眉毛一般为青黑色，画时要与头发、眼珠相比较。描绘时用笔要顺着眉毛的走向舒展，不能呆板生硬。注意虚实与疏密变化，画出的眉毛要像从皮肤上生长出来的一样生动自然。

三、眼睛的结构和画法

眼睛由眼眶、眼睑、眼球三个部分组成。眼球的结构是呈圆球状的水晶体，被上下眼睑包裹并容纳在眼眶内。上眼睑弧度较大，下眼睑线平缓，上眼睑线

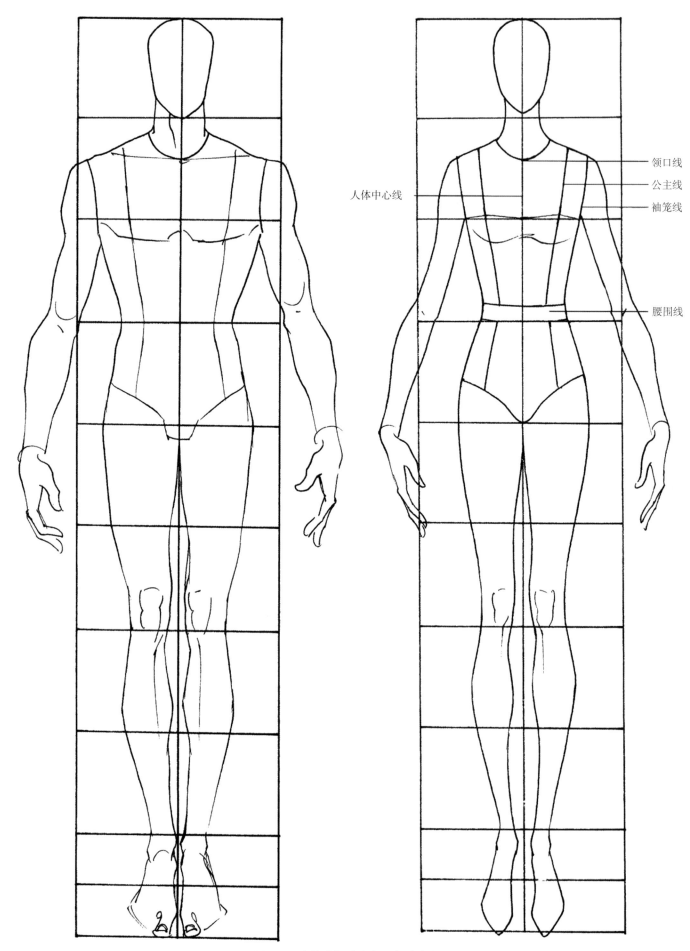

人体中心线

领口线

公主线

袖笼线

腰围线

图 2-2　人体比例（作者：胡晓东）

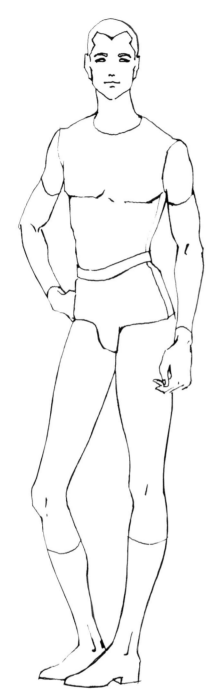

图 2-3(A) 男性人体
（作者：〔美〕B.泰晤士）

图 2-3(B) 女性人体
（作者：〔美〕B.泰晤士）

高于下眼睑线，并覆盖于下面。上眼睑较厚，又有睫毛和暗影，用线时可勾得粗重一些；下眼睑较薄，可以勾画得轻些、淡些。同时，注意线条要有粗细、虚实的微妙变化，体现出其复杂的眼部形体结构。不要把黑眼球涂成一块死黑，可按结构勾画出瞳孔和虹膜的亮光，表现出眼睛的神韵（图 2-5）。

四、鼻的结构和画法

鼻由鼻骨、鼻软骨、鼻翼软骨、鼻隔板、鼻孔、

鼻底等组成。由于它位于脸部的中央，对服装画人物造型影响很大。服装画中的正面鼻子可以用梯形立方体概括，鼻头概括成大圆，鼻翼两侧为两个小弧形，鼻孔之间连成大弧形；侧面鼻略有起伏变化，可用三角形概括。鼻头、鼻翼、鼻孔结构较复杂，应画出前后转折关系。鼻孔一般只勾出轮廓，注意鼻翼的厚度，鼻孔线与鼻翼线不要相连，更不能把鼻孔涂成全黑（图 2-6）。

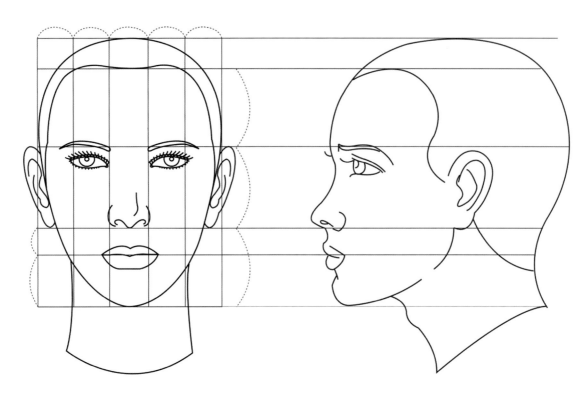

图 2-4　头部三庭五眼

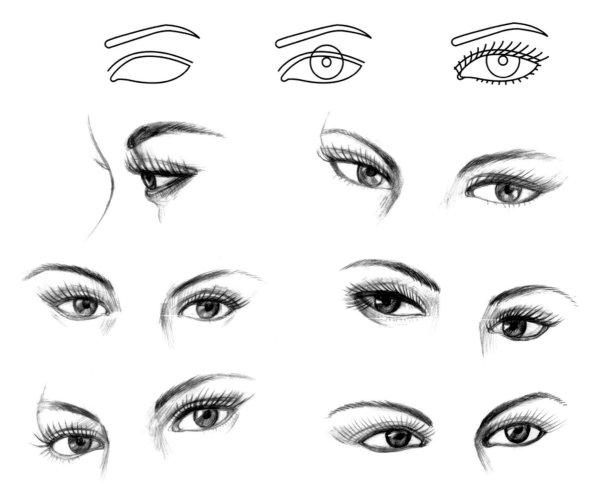

图 2-5　眼睛的结构和画法

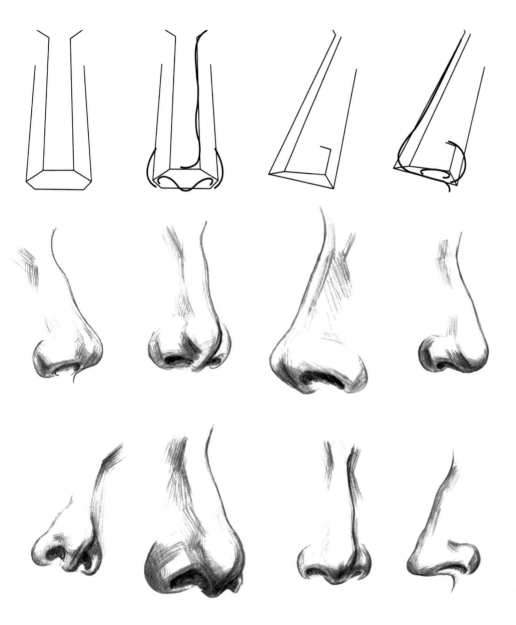

图 2-6　鼻的结构和画法

五、嘴的结构和画法

嘴的表情变化微妙丰富，形态引人注目。上唇在外形结构上可分为上唇结节和两翼；下唇为下唇缘至颏唇沟部分，下唇结构外形可分为下唇沟和两叶。描绘时要注意两个嘴角和口缝的波状线，不能简单地画成一条直线，要根据嘴的透视变化、嘴唇的结构转折来描绘，用线可以实些，上下唇的外缘用线可相对虚些，不要勾画得太清楚。当张开嘴时，重点描绘嘴角，露出的牙齿不必勾得太清楚（图 2-7）。

六、耳的结构和画法

耳由外耳轮、内耳轮、耳垂、耳屏、对耳屏、耳孔几个部分组成。耳垂是脂肪体，富有弹性，其余部分均为软骨组织。耳的总体形态呈环绕状，上宽下

窄，其结构盘旋穿插，线条柔和流畅。耳内窝沟有深有浅，较明显的深窝线、外耳轮和耳垂用线描绘得粗一些，较微弱的窝线描绘得细一些（图 2-8）。耳的用线相对于头部线来说略微虚些。

七、发型的结构和画法

发型是服装画中美的组成部分，伴随着脸形的变化而改变，呈现出不同的视觉效果。要掌握发型需注意两点：首先要使头发"理出头绪、根根归路"，发型是由头发沿头路梳理而成，即便是画蓬松杂乱的发型，也要考虑每根头发的归宿；其次要从整体着手，根据发型结构、厚度、方向分段分组地确定发丝走向，运用线条加明暗的表现方法，按发型的生长规律逐段逐组地进行描绘，用笔虚起虚收，力求生动自然。

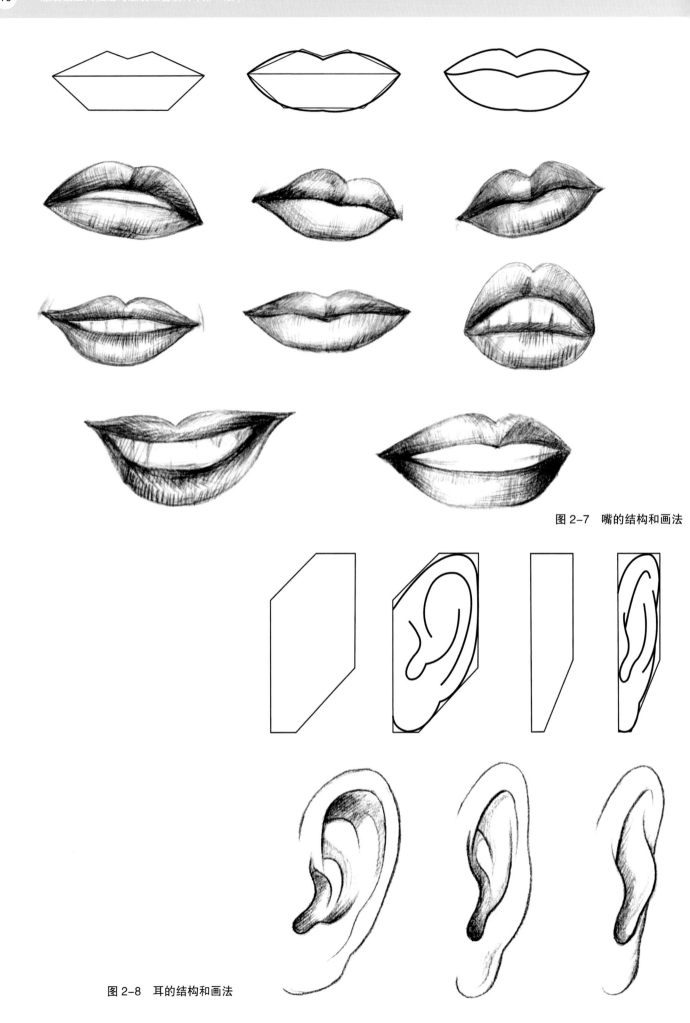

图 2-7　嘴的结构和画法

图 2-8　耳的结构和画法

将发型和五官结合在一起练习，可以避免单独画某个局部时画得很好，而组合在一起却不完美的现象。要使发型和五官整体搭配合理，不但需要大量地训练，还要多阅览一些发型的书籍，对发型有所了解，这样才能得心应手地掌握男、女各种发型变化的特征（图 2-9—图 2-12）。

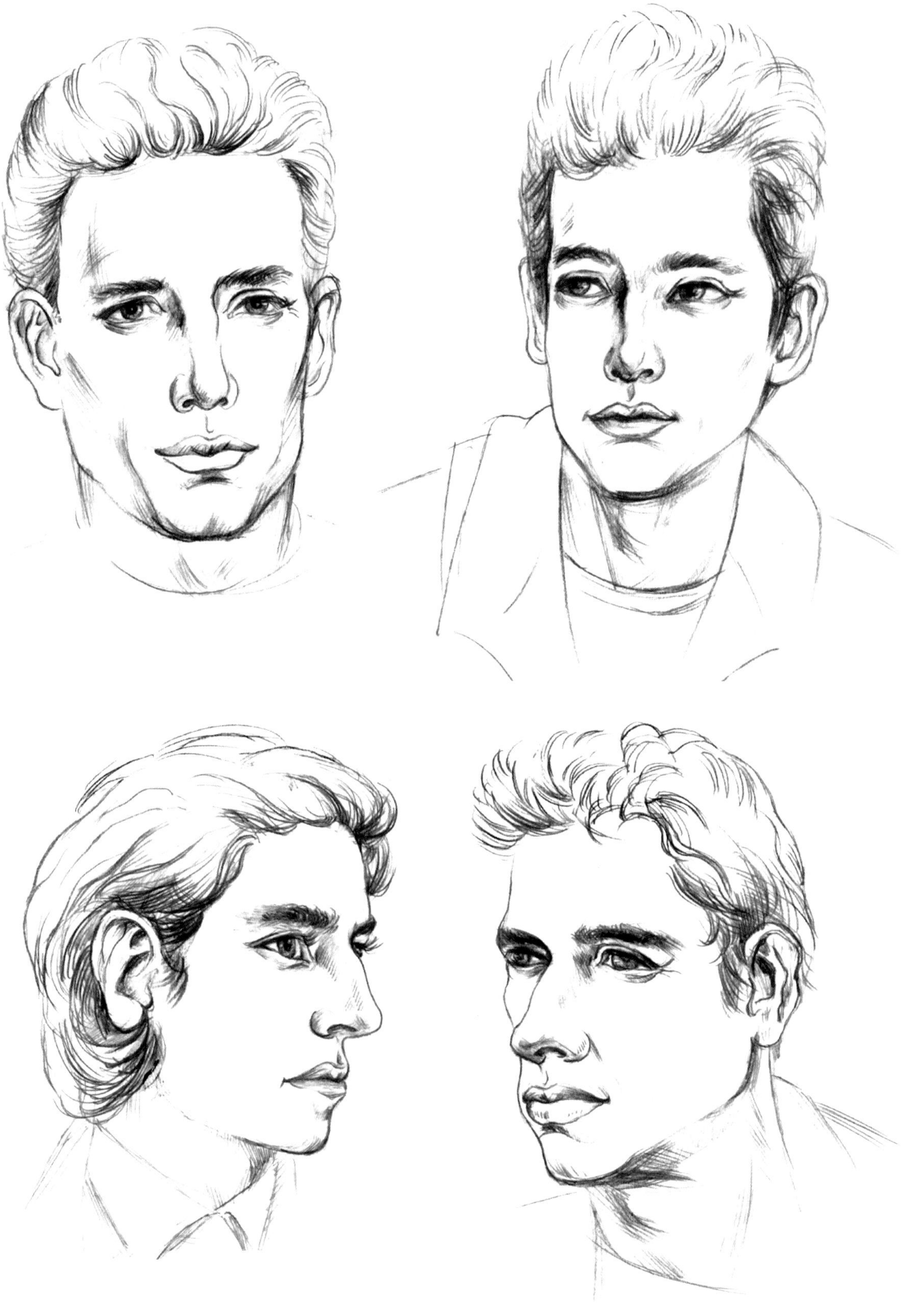

图 2-9　发型与五官的练习（1）

图 2-10　发型与五官的练习（2）

图 2-11　发型与五官的练习（3）

图 2-12　发型与五官的练习（4）

第四节 ◉
手、脚、鞋的画法

一、手的结构

俗语说"画人难画手"，说明画手是比较难的。由于年龄、性别和职业特征上的差异，手的形态特征也各不相同，有的手粗壮宽大，有的手纤小秀美，但在造型上具备共同的结构特征。手的结构分为三个部分：腕部、掌部、指部。手代表人的一种肢体语言，对于服装画起着非常重要的作用。

（一）手腕

腕部由八块小骨构成，腕骨背面凸起，掌面凹陷，形成一个拱形。腕骨的体积往往不易被察觉，因为腕骨和掌骨是连成一体的。在手的造型和描绘中，可以通过腕部活动的细微变化增添画面的生气和活力。

（二）手掌

手掌介于腕部与手指之间，手掌外侧部的隆起处称为鱼际，内侧部的隆起处叫作小鱼际。掌骨共五根，呈弓形，形成一个扇面形，掌指关节是以球窝关节构成的，因而手指在运动时可以分开、并拢，又可以伸直和屈曲。描绘手时，可将手掌看成一个不规则的五边形。

（三）手指

指骨在手指的各关节部位隆起形成手指。拇指的指骨短而粗，只有两节，其他指骨均为三节。随着手指关节部位角度和透视的变化，手指的形状千姿百态，长短不一。

二、手的画法

先勾勒出腕部、掌部、指部的结构轮廓线，再进行局部的深入刻画，外轮廓线条要画得粗些、实些，内部起伏线条要细些、虚些。由于服装画中人物的年龄、性别、身份、职业的差别，手的外部特征差异亦较明显。比如，在描绘女性手时，手掌部分窄短些，手指部分适当拉长一些，用线要平滑、柔和，表现出女性手指纤细、柔美的感觉（图2-13、图2-14）；与此相反，男性手掌、手指由于骨关节明显，多以硬线来表现其宽厚、粗壮的特征。

三、脚的结构和鞋的画法

在服装画中，纯粹画脚的情况不多，往往以鞋的造型表现出来，但是画鞋的前提是需要了解脚的结构。脚由脚踝骨、脚掌、脚趾、脚跟构成。

画脚必画鞋，画鞋先画脚，鞋是脚的"外包装"，其造型结构千变万化、十分丰富。鞋由鞋面和鞋底构成。画鞋时采用几何体概括大形，舍弃细小的形状，力求简洁、洗练的表现手法。鞋有女性鞋和男性鞋之分，女性鞋在长度上要稍加夸张，要画出修长、柔美的特征。男性鞋可夸张脚的长度和宽度，多以硬线条表现鞋的宽厚特征（图2-15—图2-18）。

描绘鞋要考虑以下几点：

（1）画出脚踝、脚跟及脚趾等部位的结构线。要注意观察脚、脚踝、小腿之间的关系。

（2）考虑鞋与脚之间的前后空间层次关系，如穿凉鞋要画出脚趾的透视变化，还要考虑安排好脚指各部分的比例关系。

（3）精确描绘出各种鞋面、鞋底、鞋舌、鞋带、鞋跟及缝线等，考虑好尺寸及基本外观造型。

（4）观察鞋与脚的协调关系，看看鞋是否真"穿"在脚上了，要确保鞋和脚之间不要出现多余的空隙。

（5）一些结构复杂的鞋，其造型极为严谨和微妙，需要耐心体会和反复实践。鞋因面料不同需采用不同的笔触来表现其质感。

第五节 ◉
人体姿态的处理

一、人体姿态

人体体形的高低起伏千姿百态、各具风味，这就要求服装设计师对人体姿态有非常深入的了解和研究。人体是通过颈部、腰部和肩关节、髋关节等部分不同方向的转曲摆动构成一系列生动优美的姿态，换言之，姿态的出现是由躯干的扭转和四肢的运动所形成的。服装画中的人体姿态是在人体动态写实的基础上，经过艺术的夸张、概括、提炼体现服装造型美。掌握人体姿态是学好服装画的基础，从某种意义上

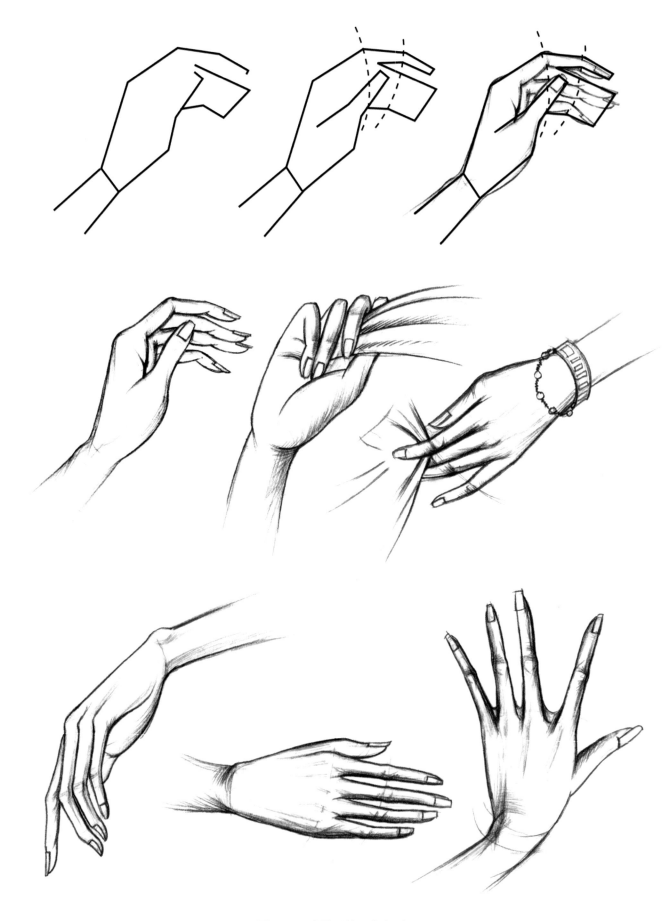

图 2-13　女性手的画法（1）

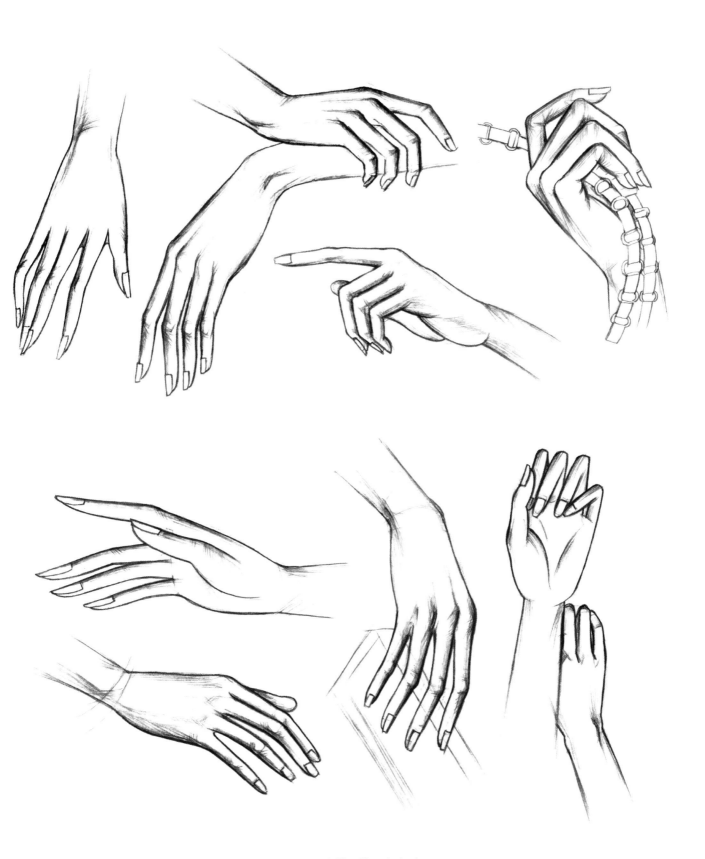

图 2-14　女性手的画法（2）

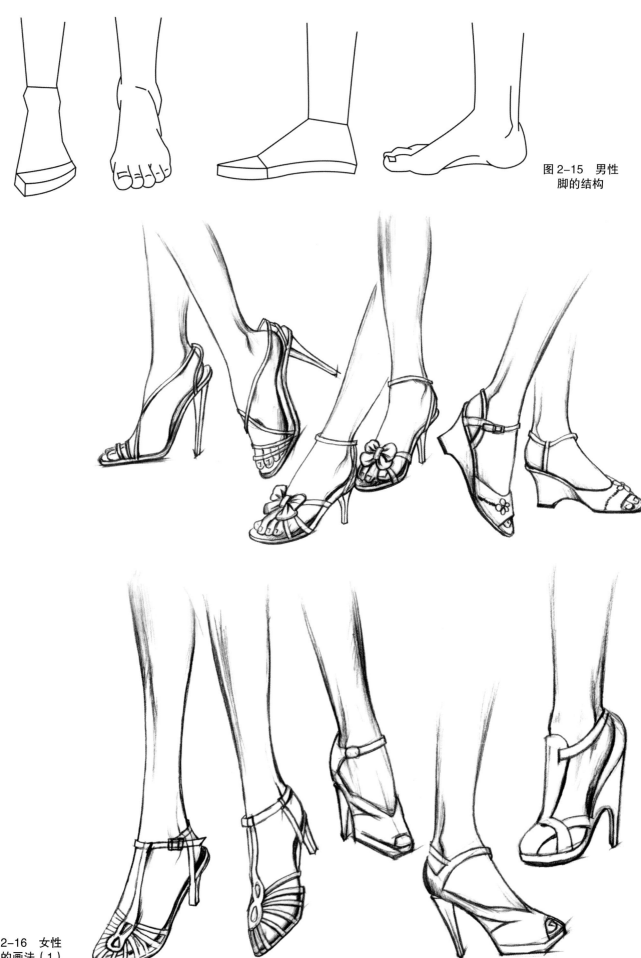

图 2-15　男性
脚的结构

图 2-16　女性
鞋的画法（1）

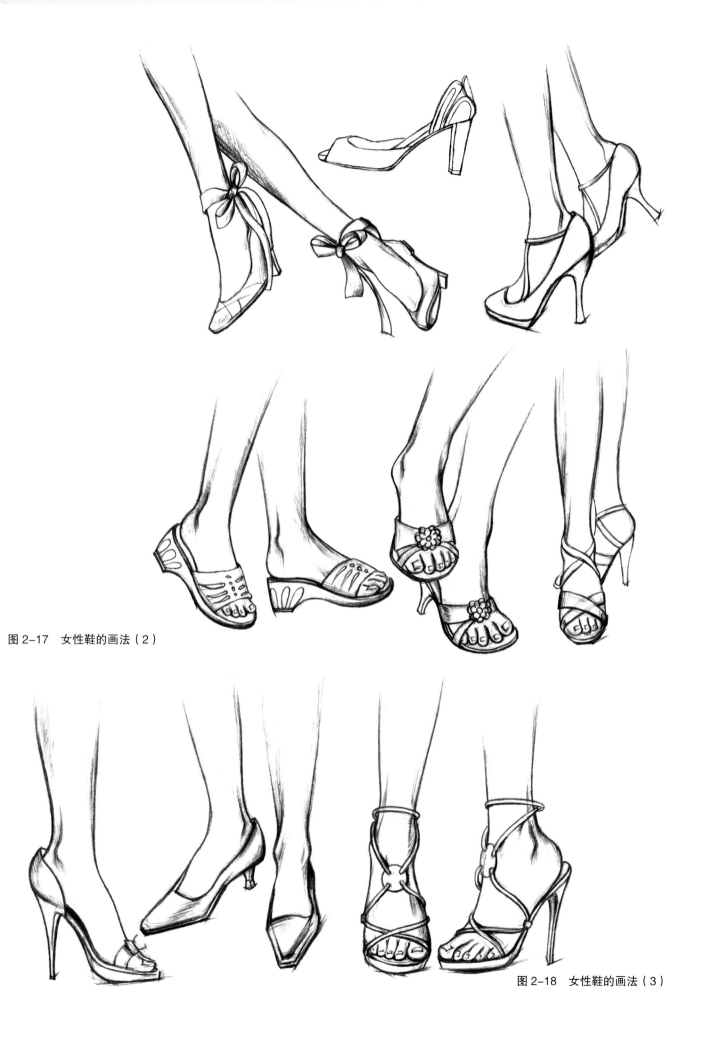

图 2-17 女性鞋的画法（2）

图 2-18 女性鞋的画法（3）

说，人体姿态赋予服装以生命感，服装也以其特殊的魅力表现出人体美的丰富性。

理想的服装人体姿态在于能够把握人体美的内涵，使服装造型和服装结构特征得以充分的展示。画好服装人体姿态重要的是能够学会运用服装整体美的基本规律和特殊的艺术语言，领悟人体姿态的动与静（动中有静，静中有动）的美的规律。此外，需要培养对形体美的良好的、敏锐的感受力，善于捕捉人体瞬间的生动姿态。因此，作为服装设计师，需要在长期的艺术实践中揣摩和领悟人体姿态中的艺术内涵，力求表现出人体姿态的自然美感。

二、人体的重心

重心是指人体力量的中心，重心的基准线是从人体锁骨向下引出一条垂直于地面的线，无论姿态如何变化，其重心线的落点都应放在两脚之间（如图 2-19），如果超出了两脚的范围，人体就会失去重心。

服装画中的人物是否能在画面上站稳，除了重心位置外，还要考虑支撑面。支撑面是支撑人体的面积，当人立正时，脚底与两脚之间所包含的面积就是支撑面。通常来说支撑面越大，人站立就越稳定。人体重心线如落在支撑面内，人体便能保持平衡；偏离支撑面则会失去平衡，需通过形体变位或添加支撑物来使人体变得稳定。当人体保持立定姿态时，中心线和重心线是重叠在一起的；当人体倾斜或转体时，肩线、胸廓、骨盆则向相反方向倾斜，以维持平衡。对初学者来说，掌握了重心变化的规律，便可得心应手地画出各种人体动态，因为人体重心平衡是确保人体姿态美观合理的关键。

三、人体姿态选择

在服装画中，人体姿态的选择是极为讲究的，最关键的是姿态与服装造型特征的一致性和完美性，两者的紧密结合才能使之和谐地展示出服装款式的最佳角度。这个最佳角度类似舞台上戏剧演员在表演过程中的亮相，由动的身段变为短时间的静止的正面姿态，目的是给观众留下深刻的印象，加强角色的整体感觉，营造戏剧气氛。为了达到展示服装的目的，服装画中的人体姿态不必画得正襟危坐或毕恭毕敬，也不宜有太大幅度的屈伸和弯扭的姿态。如果服装的亮点在前襟部位，那就应选择稍有变化的正面或半侧面的姿态，而不能选择侧面或背面的姿态；如果服装的亮点在侧面部位，就要选择一个侧面的人体姿态，而不能选择背面的姿态。选择人体姿态时，让人们直接看到服装亮点部位，展示出最优美、最时尚的造型角度。

此外，人体姿态要根据服装的不同类别和功能来选择，如实用类服装，应表现出人体姿态稳重、大方的特征；艺术性较强的或舞台表演的服装，其人体姿态可适当奔放、洒脱一些，以突出和加强服装的艺术气氛；运动服装则应选择一些矫健而充满朝气的姿态，以展示出运动服所特有的功能和魅力（图 2-20—图 2-24）。

画好人体姿态要注意四个要素，即观察、理解、记忆、表现。

（1）观察。观察就是用眼睛去审视和察看人体姿态，比较各种人体特征的内在联系，分析形体之间的个性差异，进而获得人体对象的完整信息。

（2）理解。理解是在观察的基础上所产生的一种思维活动，它一般用于抽象事物，指理性认识。这里所讲的理解主要是指对人体结构外部形态和内部结构的整体认识。对人体姿态观察越细微，分析越透彻，理解的程度也就越深入。

（3）记忆。记忆是过去的经验保持在脑子里的反映，是一种复杂的心理活动，具有贮存信息的能力。记忆是描绘人体姿态的最高阶段，加强记忆的唯一途径是默写，而默写又是建立在认真观察和深入理解的基础之上的。

（4）表现。表现是作者在创设意境、塑造人体形象和表达思想感情时所使用的特殊技巧。在服装画表现中，男性的人体姿态要表现出风流潇洒、刚直峻锐的特征；女性的人体姿态则要表现出纤柔窈窕、亭亭玉立的青春美丽女性形象。

第六节 ◉
人体"着装"

服装造型是通过优美的人体实现的，人体对服装的美起到了极其重要的作用。人体"着装"是指在服装画中将设计的服装款式准确完美地穿着在人体上，使人体与"着装"相匹配，形成一种和谐的统一的装饰魅力，传递出独特的视觉美感。

一、依据款式选择人体

人体"着装"是依据服装的风格特征画出相应的人体姿态，然后按人体轮廓进行合体的"穿衣"。要了解人体怎样"穿衣"，首先要掌握着装外形的基本框架。人体从正面观察，是一个以纵向线为中轴的对称体，从中轴向两侧有几个最宽点，如肩宽点、手腕、髋点等；

从侧面观察，人体却是一个不对称的形体，由于走动时肢体位置会发生变化，因此产生不同的着装效果。例如，当人体处于静止状态时，职业套装的肩点、腰点和袖口点就会形成一个完整而清晰的廓形；当人体在走动时，由于腰点与髋点的往复扭动，使得服装清晰的廓形随之产生改变。

从视觉范围看，人体分为前视面、后视面和侧视面。前视面的吸引力最大，设计师常将前视面作为重

图2-19 人体重心（作者：〔美〕凯特·哈根）

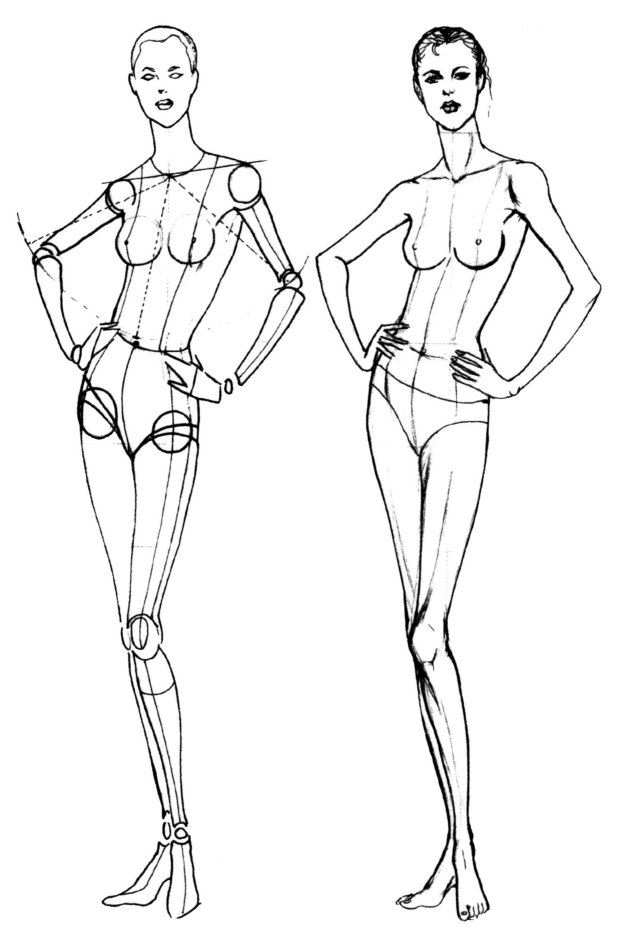

图 2-20　服装画中常用的女性人体姿态（1）（作者：王家馨、赵旭堃）

图 2-21　服装画中常用的女性人体姿态（2）（作者：胡晓东）

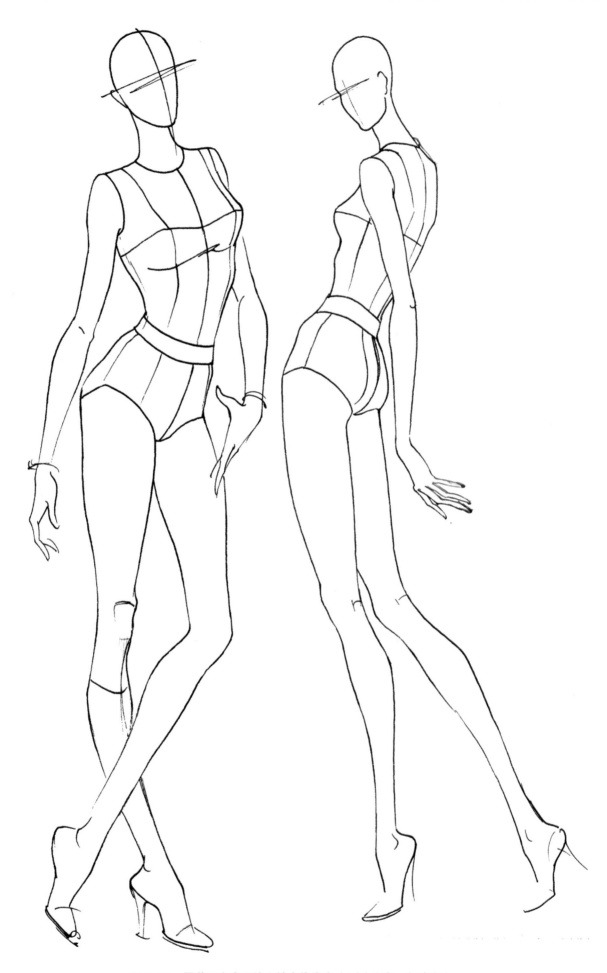

图 2-22　服装画中常用的女性人体姿态（3）（作者：胡晓东）

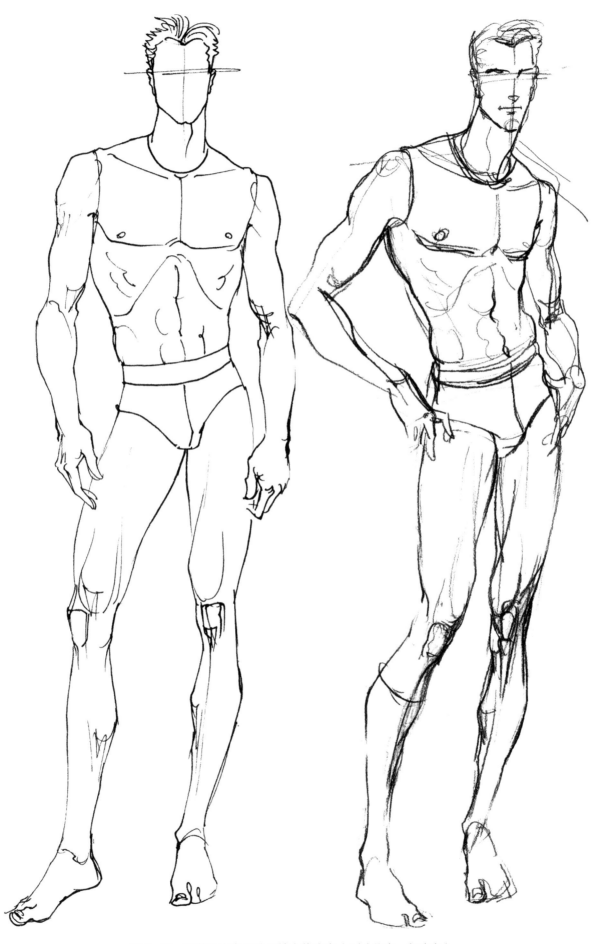

图 2-23　服装画中常用的男性人体姿态（1）（作者：胡晓东）

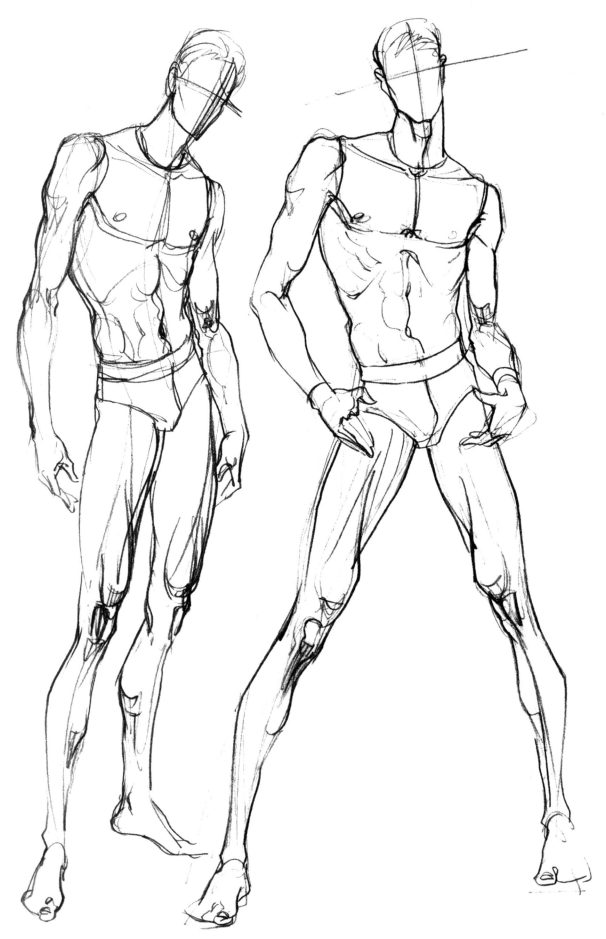

图 2-24　服装画中常用的男性人体姿态（2）（作者：胡晓东）

要的设计区域。例如，若服装款式的重点在前视面（胸部），则以人体上身为正面、下身略侧的姿势为宜（图2-25）；若服装款式的最佳细节在后视面（背部），则应选择人体背面或侧面的姿态；若服装款式最佳的细节在侧视面（侧部），则应选择人体侧面的姿态。此外，夹克、毛衫等紧身衣应选择3/4横侧或半侧的人体姿态；休闲型宽松衣（有荷叶边或胸前打褶的）应选择舒展的人体姿态。男性的动作造型讲究昂头、沉肩、挺胸、实腰、紧臀、交脚等健、力、美的姿态（图2-26）；女性的动作讲究扭头、提腰、摆臀、张手、合膝、叉脚等迷人、风情的姿态（图2-27）。

人体"着装"有以下几个步骤：

（1）在画纸上确定出人体位置及比例，画出大致的人体线描图。注意胸、腰、臀、腿的动态美感。

（2）将设计好的服装款式从上到下、从左到右套画在人体上。注意省道、裤子、发型、鞋的表现，将"着装"造型准确而又自然地描绘出来。

（3）人体"着装"除了衣服外，还需兼顾配备与着装风格相搭配的饰品。饰品在服装画中仅起陪衬和烘托作用，不宜过于描绘，以免喧宾夺主。

（4）在人物的形象、比例、款式、饰品等细节方面作出调整和修改，使整体效果更加完美怡人。

二、服装廓形

服装廓形就是服装外部造型的大致轮廓。廓形是服装造型的根本，它能快速地进入人们的视线。服装廓形变化是以人体为基准，它始终离不开支撑服装的几个关键人体部位：肩、腰、臀、胸以及服装的底摆。服装廓形的变化也主要是对这几个部位进行强调或掩盖，因其强调或掩盖的程度不同，形成了不同的廓形变化。廓形变化有时并不仅限于二维空间的思考，还要考虑层次、厚度、转折以及与服装造型之间的关系等因素。

服装的廓形时刻都在变化，但一般来说其变化非常细微。因此，想要穿出服装的品位与时尚感，仔细观察、认真揣摩每一节的廓形特点是一个很好的办法。服装界对不同服装廓形会用字母形式分类，这种以字母命名的服装廓形是由法国时装设计大师迪奥首推的，如H形、X形、T形、O形、A形、V形等。从某种意义上讲，服装廓形是随设计师的灵感而出现的服装造型特征和形式。

1. H 形

H形也称长方形廓形。其特点是强调肩部造型，削弱胸和腰的曲线，服装自上而下呈筒形，腰部不收紧，给人以修长、简约的感觉，具有严谨、庄重的男性化风格特点（图2-28），适用于女装的直统裙、裙裤以及男装的休闲风衣。

2. X 形

X型的特点是肩部稍宽，腰部收紧，下部呈喇叭形舒展，具有典型的浪漫主义风格，能体现出女性优雅的气质，具有柔和、优美的女性化风格特征（图2-29），适用于婚礼服、晚礼服和高级时装。

3. T 形

T形的特点是肩部较宽，下面逐渐变窄，上半身空间较大，突出锁骨的轮廓，整体服装外形宽松、夸张，有力度，充满阳刚气，适用于某些个性化的女装（图2-30）以及男装，散发着动人的魅力。

4. O 形

O形的特点是肩部和下摆收紧，袖笼膨大或腰部线条宽松，整个服装外形呈椭圆形，没有明显的棱角，适用于女性的秋冬风衣。描绘此类服装时要把人体画得修长些，这样O形的效果才会明显（图2-31）。

5. A 形

A形的特点是服装外形从上至下梯形式逐渐展开，腰线部位较高，有意拉长服装的下半身，使穿着者显得高挑，给人以可爱、活泼、浪漫的感觉（图2-32），适用于女性家居服及休闲服。

6. V 形

V形的特点是上宽下窄，胸部大，上身有一定的沉重感。服装使用垫肩，有意把肩线放低，胸廓略宽至腰部为止，服装收缩至下部，形成狭长的V字形，使身体看起来更修长（图2-33），适用于冬季长大衣。

三、服装衣纹

衣纹是指人体着装活动所产生的自然、不固定的线条变化，这些线条变化产生于人体四肢运动的关节处、肘部、腰部和膝部等部位。衣纹是依附于人体结构而存在的，宽松的服装衣纹丰富，贴身的服装衣纹变化少。

衣纹的处理要进行艺术的提炼和取舍，力求整体、简明和清晰。适当的衣纹线，有助于表现服装穿着的整体效果，凡是与人体运动、服装款式关系不大的衣纹要尽量少画。衣纹描绘切忌空、假。所谓"空"，就是线条简单，不充实。所谓"假"，就是

图 2-25　人体"着装"（1）（作者：胡晓东）

图 2-26　人体"着装"（2）(作者：胡晓东）

图 2-27　人体"着装"（3）（作者：胡晓东）

图 2-28　H 形服装廓
形（作者：李明、胡迅）

图 2-29　X 形服装廓形
（作者：李明、胡迅）

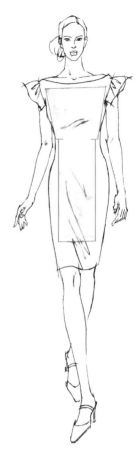

图 2-30　T 形服装廓形
（作者：李明、胡迅）

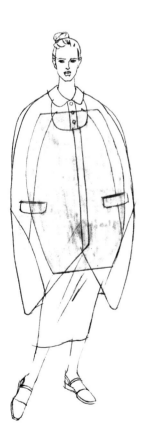

图 2-31　O 形服装廓形
（作者：李明、胡迅）

图 2-32　A 形服装廓形
（作者：李明、胡迅）

图 2-33　V 形服装廓形
（作者：李明、胡迅）

线条不能很好地表现出形体结构和空间关系。我们可以把人体的每一部分都当作圆柱体来对待，衣纹是围绕着这些圆柱体的变化而产生皱褶的，同时还要注意领口、袖口、裤脚以及衣裙下摆边缘的变化，这些部位能很典型地体现出圆柱体的感觉，是表现衣纹体积的重点所在。

衣纹线的数量、粗细、疏密以及笔触的轻重都与服装的款式和面料的质地紧密相关。服装面料的品种丰富多彩，质感各异，所产生的衣纹感觉也各具特色，不同风格的服装面料给衣纹线条带来不同的视觉感受（图2-34—图2-36）。例如，丝织物的衣纹线条长而流畅；棉麻织物的衣纹线条挺而密集；化纤织物的衣纹线条粗硬而富有弹性；毛织物的衣纹线条圆而柔和；薄型面料的衣纹线条细、软、飘；厚重面料的衣纹线条粗松、肯定。另外，有一些混纺织物、皮革、裘皮及新型纤维织物等面料均有着不同的衣纹质

图2-34　服装衣纹（1）（作者：胡晓东）

图 2-35 服装衣纹（2）（作者：〔美〕史帝文·史迪波尔曼）

图 2-36　服装衣纹（3）（作者：〔美〕史帝文·史迪波尔曼）

感，应选择适合的线条进行艺术处理。

不同材质的服装衣纹表现：

1. 棒球夹克

棒球夹克一般由厚的针织料制成，针织布料柔软，因此用线也要婉转，衣褶转折处线条要圆润。因为面料比较厚实，所以线条应当粗犷一些［图 2-37

（左上图）］。

2. 风衣

风衣一般由较为挺括的面料制作而成，线条比较率直。用小楷笔可以勾出轻重的变化，通过线条的劈直收放，加强表现的力量感，衣褶的转折也要画得刚硬些［图 2-37（中上图）］。

棒球夹克

风衣

圈圈毛大衣

皮草上衣、雪纺长裙

图 2-37　服装衣纹（3）（作者：张茵）

3. 圈圈毛大衣

先给服装铺上底色，在褶皱处及暗部加深，然后用小笔取深色画小圈圈，不要画得太整齐，圈圈的大小不要相差太大。暗部的圈圈颜色与底色保持一致，表现出圈圈毛大衣的深中浅的层次感［图2-37（左下图）］。

4. 皮草上衣、雪纺长裙

皮草为轻软顺滑有体积感的材料，若是浅色皮草，不宜用深色勾线，可用毛皮本色画出一簇簇的长毛，落笔收笔要轻，使之有轻软感。因雪纺面料轻薄，长裙用线一定要细长流畅，褶皱排列要有秩序［图2-37（右图）］。

5. 棉麻连衣裙

棉麻易缩水、弹性差，服装保形性欠佳，易折皱，所以面料表面的细褶折纹比较多，可以用分布密集的短线描绘。因衣料薄，质地柔软，用线要细，可以多停顿、回折，表现出薄而皱的机理特点［图2-38（左图）］。

翻毛夹克

棉麻连衣裙

针织垂领套头衫

真丝礼裙

图2-38　服装衣纹（4）（作者：张茵）

6. 翻毛夹克

翻毛部分为一簇簇错落有致的短绒毛，线条走向要符合整个毛皮的发散方向。衣身部分的皮革较厚实粗糙，用线要注意饱满滞拙，描绘出衣褶的一定厚度，才能表现出材料的特色［图2-38（上中图）］。

7. 针织垂领套头衫

针织毛衫手感丰满富有弹性，外观有一定的毛感，线条应该软滑均匀，转折处线条可以画得圆顺些，更重要的是用线把织纹组织肌理勾画出来。可以在黑线上复勾一条彩色线，显得很有温顺感［图2-38（下中图）］。

8. 真丝礼裙

真丝素有人体"第二肌肤"美称，高雅华贵，精美绝伦，给人们的生活抹上艳丽的色彩，带来梦幻般的诗意。真丝的褶皱与光泽关系紧密，所以画衣褶时既要考虑光泽的变化，又要考虑每个褶皱的峰和谷都要有闪亮的丝光。因此采用线面结合、粗细深浅的笔触来表现衣纹［图2-38（右图）］。

第七节 ◉
服饰配件与图案

一、服饰配件

在服装画中，饰物的表现应和服装设计的主题密切结合，相互协调，以显示出服装画的完整性。如画夏装可配凉帽、墨镜、拖鞋、阳伞等；画冬装可配呢帽、手套、围巾、棉鞋等；画男装可配领带、领夹、手杖、皮鞋、皮带等；画女装可配首饰、腰带、手提包等。服装画中饰物的巧妙搭配，能使整体形象锦上添花。

（一）帽子

帽子具有御寒保暖和遮日防晒的功能，还具有装饰点缀的美化作用，它使普通的着装打扮变得富有情趣。帽子的种类有运动帽、圆盘帽、毛绒帽、圆顶窄边帽、遮阳帽等。画帽子时首先应画好帽顶和帽缘，它们是组成帽型的关键部分。帽顶的描绘要注意掌握帽子顶部和头发之间的空隙关系；帽缘的描绘要大小恰当，以适合头颅的形状为宜。另外，随着头部的移动，还应考虑帽子与面部、发型、花饰的透视变化关系（图2-39）。

（二）首饰

首饰与服装形成一个有机的整体。在穿着打扮中，首饰无疑是华贵耀眼、独具魅力的，特别是在一些高档礼服或高级时装中，首饰往往占有重要的位置，起到画龙点睛的作用。首饰包含耳环、项链、手镯、胸针、戒指等。首饰的表现要强调三点，一是首饰不宜画得太多，否则，画面不但会显得繁琐俗气，还会影响服饰的整体形象；二是要注意首饰与服装的宾主关系，不可喧宾夺主而影响服装造型的展示；三是要根据服装的风格特点来搭配适合的首饰造型，搭配时应与服装形成一个有机的整体（图2-40）。

（三）包

包的式样繁多，按使用者的性别可分为男性包和女性包两类。男性包有夹包、单肩包、斜挎包、背包等；女性包有手袋、手提包、单肩包、斜挎包、钱包等。包的款式也由传统的商务包、书包、旅行包向笔袋、零钱包、小香包等延伸。在服装画中，常常配以各式各样的包，以渲染画面的气氛，彰显时尚人士张扬个性的需求。包的使用和选择应该与服装的风格、功能相一致。例如，职业服可画公文包；旅游服可画旅行包；礼服可画精致细巧的小提包或钱包等（图2-41）。

（四）围巾

围巾具有围脖、披肩、包头等御寒防尘的实用功能，其装饰功能是打扮人体，增添服装的光彩。围巾的佩戴方法有很多，如披肩式、打结式、折叠式等，形态各异，花样繁多。不同大小、长短、形状、质料的围巾能起到烘托服装整体气氛的作用。画围巾时，要注意头部和颈部的造型轮廓，力求表现出头、颈与围巾的缠绕转折关系以及围系变化的来龙去脉，还要注意表现围巾的多种佩戴方法、装饰效果以及与服装的内在联系（图2-42）。

（五）腰带

腰带俗称皮带。佩戴腰带已经成为一种时尚，细看国际大大小小的时装展，设计师们都会或多或少地运用腰带作为装饰物。腰带束于臀围线上，是服装整体造型的点睛之笔。对于女性来说，腰带可算是十分理想的装饰配件，它们色彩各异、形状不同，因此能充分展露出女性的曲线美。从实用角度来分析，黑色、咖啡色或带少许金色的腰带最为常用，带有假宝石类装饰的腰带比较适

图 2-39　帽子（作者：张茵）

图 2-40　首饰（作者：张茵）

图 2-41　包（作者：张茵）

图 2-42　围巾（作者：张茵）

合牛仔类及面料较硬的时装裤。腰带的色彩最好比裙子或裤子深一点，这样更容易束出理想体型（图2-43）。

画腰带时，除了要准确表现出腰带的形状、色彩、图案、材质等外，还应仔细观察，注意腰带细节的处理，找出腰带搭配的规律。

图2-43　腰带（作者：张茵）

（六）鞋

鞋从外观上看，是由鞋面、鞋底、鞋里构成的。鞋在具备实用功能的同时，更多的是体现时尚元素。如今鞋子的种类多样：按穿用季节可分为春秋鞋、凉鞋、棉皮鞋；根据鞋帮面结构可分为高统（高腰）、低统（矮腰）、单皮鞋、夹皮鞋；按穿用性质可分为生活用鞋、劳动保护用鞋等；按材质可分为皮革、合成革、纺织物、橡胶和塑料等。

服装画中，在绘制鞋子时，首先要找准鞋面（鞋帮）的造型与透视，以及鞋底的弧度和鞋跟的角度关系；其次要把握好鞋带的粗细位置、面料肌理和纹样装饰等方面。鞋子装饰常用扣拌、面料相拼、分割线与印花等手段（图2-44）。

值得注意的是，服装饰物毕竟是服装的附属品，

因此，对于服饰配件的表现，既要结构准确，又不可过于详尽、细腻，应依据服装整体的需要，概括而准确地进行表现。如果过分描绘服装饰物，就会影响主体服装造型的充分表达。

二、装饰图案的表现

服装画中的装饰图案一般有印花图案、织花图案和绣花图案三种，其图案题材主要有花卉、植物、几何、条格、抽象、人物、动物、风景等。图案的构成形式有单独图案、适合图案、二方连续、四方连续等。常见的装饰工艺有印、织、绣、抽纱、蜡染、扎染等。其装饰部位主要在胸部、背部、领子、门襟、下摆和袖口等处（图2-45—图2-50）。

图 2-44　鞋（作者：张茵）

（一）图案的整体性

服装图案的表现应力求做到整体、概括、简洁明了，优美整体的表现手法能使大面积图案起到集中视线以及收缩形体的奇妙作用。服装图案除了讲究美观效果外，还要讲究整体效果的统一协调。初学者常常过于仔细地描绘图案本身而忽视了画面的整体，其实图案描绘越细腻，服装的造型感觉就越不整体，因为图案是服装画中的辅助部分，而并非主体，真正的主体是服装。因此，图案的表现应从属于整体服装造型风格。

（二）图案的工艺性

服装设计师依照自己的"灵感"来表现图案的装饰工艺，例如，蕾丝、抽纱、补花工艺具有镂空的感觉；刺绣、编织、植绒、钉珠工艺是立体的，具有一定的厚重感觉；数码印花图案具有层次分明、虚实相间、色彩明快、装饰性强的感觉；扎染工艺则给人以虚幻、缥缈的美感；蜡染工艺展现出粗犷、奔放的感觉。我们要把握住这些装饰工艺特点并加以适度刻画，使图案的工艺与整体服装造型协调统一，这样才能设计出优秀的服装作品。

图 2-45　服装画中的装饰图案（1）（学生作品）

图 2-46　服装画中的装饰图案（2）（学生作品）

图 2-47　服装画中的装饰图案（3）（学生作品）

图 2-48　服装画中的装饰图案（4）（作者：左图，王胜伟；右图，姚靖）

图 2-49　服装画中的装饰图案（5）（作者：左图，姚靖；右图，袁天卉）

图2-50　服装画中的装饰图案（6）（作者:背景图案，施建平;服装画，张茵）

第三章

服装画色彩基本知识

第一节 ◉

服装画色彩基础

　　我们每个人都生活在五光十色的色彩环境中，每一件事物都是由色彩组成的，人们都生活在色彩之中。色彩能唤起人们的情感，能描述人们的思想和智慧，激发出超群的灵感来。色彩能使我们享受到自然界的缤纷世界，还能美化我们的生活。色彩无论是在日常生活中还是在设计过程中，都是非常重要的。学习色彩，认识色彩，运用色彩，须从明度、色相、纯度三要素开始。

一、色彩三要素

（一）明度

　　明度即色彩明暗深浅程度，色彩因光线的强弱而反射出明暗的变化。在可见光谱中，由于波长的不同，黄色处于光谱的中心，显得最亮，明度最高；紫色处于光谱边缘，显得最暗，明度最低。在同一种色彩中，也会产生许多不同层次的明度变化，如深蓝与浅蓝，深红与浅红，深绿与浅绿。含白色越多，则明度越高；含黑色越多，则明度越低。明度高的为高明度，明度居中的为中明度，明度低的为低明度（图3-1）。

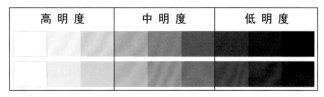

图3-1　明度的位置和名称

（二）色相和色相环

　　色相就是各类色彩的相貌称谓，它是一种最基本

的感觉属性，其中红、橙、黄、绿、青、蓝、紫七色组成了色彩的基本色相。如果将彩色光谱中所见的色彩进行首尾等距离排列，则构成12色相环（图3-2）、20色相环、24色相环、40色相环等。在色相环上互为对角的色彩是补色（撞色），例如红与绿、黄与紫、橙与蓝。补色可以形成强烈的对比度和视觉冲击力。

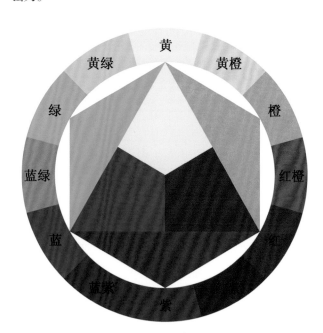

图3-2　12色相环

（三）纯度

　　纯度是指色彩的纯净度，又称为饱和度、彩度、鲜艳度、含灰度。纯度最高的色彩是原色，随着纯度的降低，色彩会暗淡直至变为无彩色。换言之，纯度越高，色彩越鲜艳，含灰度越少；反之，纯度越低，色彩越浑浊，含灰度也越高。纯度从高到低具体可分为：高纯度、中纯度、低纯度，也就是色彩之间的纯度级差（图3-3）。

低纯度	中纯度	高纯度

图 3-3　纯度的位置和名称

二、原色、间色、复色、补色、色调

（一）原色

人眼对品红、黄、蓝三原色最为敏感，人的眼睛像一个三色接收器的体系，能分辨出颜料的属性。原色是任何颜色都调配不出来的，它具有色彩纯正、鲜艳、强烈的特征。利用三原色可以混合出更为丰富的色彩，具有强烈的视觉传达效果（图 3-4）。

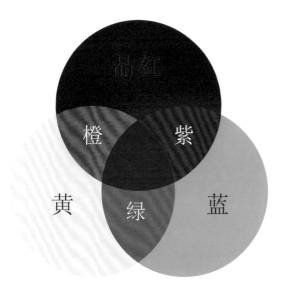

图 3-4　原色

（二）间色

间色亦称第二次色，是由两个原色相等量混合得到的颜色，例如：黄＋蓝＝绿、蓝＋红＝紫、红＋黄＝橙，能产生多种色彩变化。尽管间色是二次色，但仍有视觉冲击力，带给人以轻松、明快、愉悦的气氛。

（三）复色

复色亦称第三次色，是由三原色按照各自不同的比例组合而成，也可以由原色和包含另外两个原色的间色组合而成，从而形成了不同程度的红灰、黄灰、蓝灰、紫灰等灰调。复色是最丰富的色彩家族，变化万千，丰富多彩。

（四）补色

补色亦称对比色，在色相环上位于直径两端相对

的位置，例如黄色和紫色、红色和绿色、蓝色和橙色（图 3-5）。由于补色具有强烈的分离性，故在色彩的表现中不仅能拉开色彩距离，而且能表现出特殊的视觉对比效果。

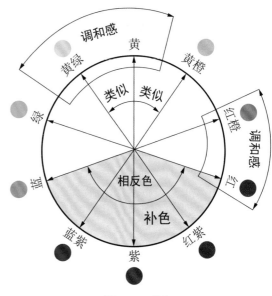

图 3-5　补色

（五）色调

色调是指色彩构成的总体倾向，是画面大的色彩效果。就色调而言，依据明度分为亮调、灰调和暗调；依据纯度分为鲜调、中调和灰调；依据色相分为红调、黄调、橙调、蓝调、绿调等；依据色性分为冷色调、暖色调和中性色调。不同的色调能产生不一样的画面，使人们具有不同的心理感觉。

第二节 ◉
服装画色彩搭配类型

色彩搭配就是将两个以上的颜色并列在一起产生对比作用，既要考虑色与色之间的艺术性、和谐性和实用性，又要遵循服装色彩搭配的设计原则，还要兼顾色彩情绪变化，充分发挥色彩魅力。此外，也要迎合当今服装流行趋势和审美意识，使服装画色彩搭配朝着多样化、人性化和精致化的方向发展。

一、明度对比搭配

（一）高明度

高明度色彩明暗反差小（图 3-6），给人一种轻盈、洁净，视觉缓和之感。画面呈现出高雅、亮丽、

宁静、清淡、舒适、平稳的效果。高明度色彩搭配整体效果和谐悦目，既可表现浪漫的春夏装（图 3-7、图 3-8）、淑女装和礼服，也可适用于传统保守的中老年服装。

图 3-6　高明度搭配（作者：张茵）

图 3-7　春装（作者：张茵）

（二）中明度

中明度色彩反差适中（图 3-9），服装色彩搭配呈现清晰、明快、柔和、轻快自然之感，如棕色与黄色、湖蓝与中绿等，比较适合秋季服装搭配（图 3-10）。如果将中明度色与低明度色搭配，色彩显得灰暗，给人庄重之感。

图 3-9　中明度搭配（作者：张茵）

图 3-8　夏装（作者：张茵）

图 3-10　秋装（作者：左图，王胜伟；右图，凤正强）

（三）低明度

低明度几乎接近黑色（图3-11），色彩搭配显得浓重、浑厚、高雅、幽静和神秘，给人留下深沉、凝重的印象。如深紫色、深蓝色、墨绿、暗红等，主要适合秋冬季服装搭配（图3-12）。如果将低明度色与高明度色搭配，明度反差大，能产生鲜明、醒目、热烈之感，富有刺激性和视觉冲击力。

二、色相对比搭配

（一）同一色相对比

同一色相是指色相环上0～15度范围的色彩对比。由于色相比较接近，色彩之间处于极弱的对比状态，容易出现单调、呆板的效果，这时应拉开明度距离和纯度关系来进行调整，增强其对比度。

图3-11　低明度搭配（作者：张茵）

图3-12　冬装（作者：左图，彭福双；右图，张茵）

（二）邻近色相对比

邻近色相是指色相环上 15～45 度范围的色彩对比。具有相同基因的色彩搭配，显得统一协调。如以红色为例：红色的邻近色包括橘色和紫色。红色与橘色搭配，色调偏暖，呈现富贵华丽；而红色与紫色搭配，色调偏冷，带有神秘和奢华感觉。

（三）类似色相对比

类似色相是指色相环上 60～90 度范围的色彩对比。例如玫红与大红、黄色与咖啡色、紫色与绿色。这样的色相对比，显得统一、自然、柔和、高雅文静、和谐悦目，给人以一种视觉变化感。

（四）对比色相对比

对比色相是指色相环上 90～120 度范围的色彩。要比邻近色更鲜明、强烈、饱满，具有较强的冷暖感、膨胀感、前进感、收缩感和华丽感。例如：橙与紫、绿与橘、黄与蓝的对比色相搭配，使人兴奋激动，但易于造成视觉疲劳和眩目、烦躁、刺激或不安定情绪。

（五）互补色相对比

补色是指色相环上 180 度范围内的色彩对比。补色相互对立，呈现极端倾向。例如：红与绿搭配，红、绿都得到了加强和肯定，红的更红，绿的更绿（图 3-13）；又如黄与紫（图 3-14）、橙与蓝（图 3-15）的搭配。补色在视觉心理上产生饱满、活跃、生动、刺激感觉，色彩夺目、丰富，有活力和朝气，使人们在短时间内加深对色彩的印象。

三、纯度对比搭配

（一）高纯度

高纯度色彩搭配视觉冲击力强，给人以艳丽、刺激和视觉兴奋等感受，适合表现青春活泼、前卫新潮的服装。图 3-16 采用红色与黄绿色构成鲜亮色，虽然红色纯度较高，但由于红色与黄绿色之间在面积对比上存在一定的差异性和互补性，使人不觉得对比过于强烈，反而达到了视觉平衡和协调的效果。

（二）中纯度

中纯度色彩搭配分为冷色和暖色，如以冷色为主色调，则表现出沉静和庄重感；以暖色为主色调，则表现出色彩的华丽和丰富感。由于纯度搭配的布局不同、大小位置不同，可以产生强与弱、高雅与朴素、

图 3-13　红与绿搭配把服装演绎得更加充满活力（作者：张茵

图 3-14　黄与紫搭配具有高
贵而华丽的气质 (作者：张茵)

图 3-15　橙与蓝搭配总是带
着复古的味道 (作者：张茵)

图3-16　高纯度服装色彩搭配形成饱和、充实
和鲜艳感（作者：张茵）

含蓄与明快等不同视觉效果。图3-17表现出稳定、平实的感觉，但缺乏变化和张力。

（三）低纯度

低纯度也称"灰色调"。它最容易与其他颜色搭配，能使视觉持久注视，有助于形成协调的格局，表现出沉着、高雅、和谐、平静、亲切之感；低纯度基调丰满、柔和、沉静、耐看，容易使人产生联想。巧妙运用低纯度的各种灰色组合，配色效果含蓄、雅致，给人以一种朦胧、沉重之感。常用于秋冬季服装和稳重的职业装（图3-18）。

第三节 ◉
服装画色彩灵感启示

一、从传统色彩中吸取灵感

中国传统色彩是一个庞大而神秘的色彩系统，具有深厚的文化底蕴和完整的色彩体系，已经得到了更深入更宽泛的认可和发展。七种颜色构成了中国传统色彩，如红色、黄色、绿色、蓝色、紫色、白色、黑色，蕴藏着非常丰富的审美内涵和应用价值。

（一）红色

红色是中国传统文化的象征，五行中的火所对应的颜色就是红色，八卦中的离卦也象征红色。从古至今，我们的生活中充满红色的主题，如红色的宫墙、红色的灯笼、红色的婚礼、红色的春联等。红色是激情和运动的颜色，红色是喜庆与祥和的颜色，红色是民俗与文化的颜色。图3-19为"中国红"婚庆床品，象征着富贵吉祥与喜庆和谐。

（二）黄色

黄色象征大自然、阳光、春天，而且通常被认为是一个充满希望和快乐的颜色。黄色象征着金秋的枝叶和丰收的农田，是期望、智慧、文明的表达；黄色又是中国历代帝王的专用色彩，被看作是君权的象征，代表着中国独特的自然景观及人文与历史。黄色在中国古代色彩文化中具有崇高的象征意义（图3-20）。

图 3-17　中纯度服装色彩搭配形成
温和、圆润和成熟感 (作者：张茵)

图 3-18　低纯度服装色彩搭配形成
朴素、浑浊和含蓄感 (作者：张茵)

图 3-19　"中国红"婚庆床品，喜庆祥和

图 3-20　黄色琉璃，亮丽欢快

（三）绿色

绿色在宇宙中是植物和树林的色彩。在中国文化中绿色象征自然环境、生命力和青春活力；绿色代表清新、希望、和平、友善、安全、舒适，寄寓着我们珍视自己的家园，与自然和谐发展的愿望。在中国传统色彩中，绿色占有重要的地位，图 3-21 是绿色在传统壁画中的应用。

（四）蓝色

蓝色非常纯净，通常让人联想到海洋、天空、

水、宇宙。蓝色给人美丽、冷静、理智、温润、典雅、安详和广阔之感。蓝色是我国丰富多彩的艺术宝藏中极具代表性的色彩，具有历史的美感。蓝色在中国青花瓷中具有沉稳的特性，给人以高贵、理智的意象感觉（图 3-22）。

图 3-21　绿色麒麟，清新平静

图 3-22　蓝色青花瓷，冷静典雅

（五）紫色

紫色是由温暖的红色和冷静的蓝色混合而成的。在中国传统色彩里，紫色是尊贵的颜色，如北京故宫又称为"紫禁城"，亦有所谓"紫气东来"之说。紫色是神秘富贵的色彩，与幸运和财富、华贵相关联，代表权威、声望和精神（图 3-23），它也和宗教有关，比如紫色的法衣和复活节。

（六）白色

白色象征着和平与神圣，代表人民追求自由和光明的美好愿望。白色往往使人联想到冰雪、白云、棉

花，给人以纯真、轻快、恬静、贞洁、雅致、凉爽的感觉。在古代，文人志士就常以素衣（白色）寄寓自己的清高。直到今天，白色仍是人们最喜爱的颜色之一，如新娘佩戴乳白色的玉器，象征着纯洁无瑕的爱情和吉祥如意（图3-24）。

图3-23　紫色花瓶，神秘富贵

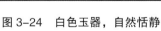

图3-24　白色玉器，自然恬静

（七）黑色

黑色具有神秘、黑暗、暗藏力量之感，以其高雅的格调，华贵而又饱含质朴的意蕴，诠释着现代人含蓄的浪漫情怀。黑色具有不可超越的虚幻和无限的精神以及显示自身的力量；黑色是具有多种不同文化意义的颜色，界于传统与时尚之间，是永远都不会过时的颜色（图3-25）。

图3-25　黑色绣花童帽，庄严质朴

二、从世界经典作品中吸取灵感

世界经典名画作品中的色彩都是非常理想的色彩灵感来源，可以帮助我们丰富艺术想象力和表现力。虽然经典名画作品色彩丰富，但不能只是简单地从世界经典绘画作品中取色用色，而应对色彩进行分类、归纳和整合，运用独特的敏锐的审美眼光认识和分析经典色彩的精髓，形成感性与理性相结合的完美用色方式，从而提高艺术感知力（图3-26—图3-28）。

图3-26　梵高的绘画作品《农舍和农夫》，
吸取桔黄色调元素

图3-27　毕加索的立体派作品《镜前少女》，
吸取红绿灰色调元素

图3-29　深蓝色调的星空，深沉幽静

图3-28　凡·高绘画作品《鸢尾花》，吸取蓝绿色调元素

图3-30　橙色调的果树，华丽、健康、温暖和辉煌

三、从自然与生活中吸取灵感

　　自然界中各种神秘莫测、千奇古怪的地域、环境、气候、动植物、岩石、海洋等都可以作为色彩灵感来源。生活中的细节充满了各种魅力，如家居装饰、玩具、都市建筑、雕塑、墙角涂鸦、生活场景、市场角落等都能够激发创作灵感，使我们领悟到自然与生活带给我们的启迪，令人产生愉悦的视觉和色彩感受（图3-29—图3-31）。

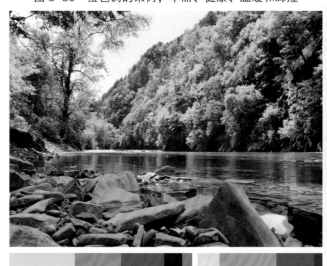

图3-31　绿灰色调的森林、湖泊，静谧而神秘

四、从实用配色手册中吸取灵感

　　实用配色手册是由专业色彩研究人员针对某一设计领域制作的较为完整的配色方案，它是一种能够激发创作灵感、刺激感官的重要元素。配色手册从某些物体中提取意象色彩，让色彩诉说感情，例如奢华、温柔、神秘、甜蜜、庄重、热烈、冷酷等（图3-32—图3-34）。通过分析，发现不同地区、不同习俗的人群所形成的色彩偏好：有的偏好浪漫，有的偏好刺激，有的偏好舒适，有的偏好沉重，有的偏好欢乐，等等，熟悉这些色彩搭配就意味着能够把握相应的视觉风格，以满足服装设计师的需求。

图 3-34　红紫色系的热烈

图 3-32　蓝灰咖啡色系的奢华

图 3-33　紫蓝绿色系的神秘

第四节 ◉
水粉颜料表现要点

一、干、湿、饱和

（一）干
　　笔中水分很少，笔尖分叉，在画面上有意造成透底飞溅的枯笔肌理效果。无论是干枯笔尖的劲健断续、雄浑阔远，还是笔触的轻快活泼，都是风情万种。干笔触既可做到细致入微、层次丰富，也可做到粗犷奔放、激情四射，给人以较强的艺术感染力（图3-35）。

（二）湿
　　笔中含水分较多，颜料稀薄，成半透明状，覆盖力弱。作画过程中纸张始终保持湿润，自然形成似水彩一样的渗透、晕化、自然、柔和效果，体现出透明、流畅和轻快的特点。适宜表现绸缎、薄型纱类和有光泽感的面料（图3-36）。

（三）饱和
　　笔中水分和颜料调配比例适当，颜色饱满。含颜料成分越多，饱和度越高，鲜艳度越大。在表现服装画时，落笔大胆明确、肯定有力，会大大增添服装画内容的表现力和美感。适宜表现厚重、明晰的服装人物结构和丰富的色彩层次变化（图3-37）。

二、颜料的覆盖性

就颜料的覆盖性而言，水粉和丙烯都具有覆盖性的特点，可以反复修改并塑造服装画形体结构。用笔一定要一笔一笔地往画面上摆放，这有点类似于油画的表现方法。而水彩颜料的覆盖性相对逊色些，不可以反复擦、蹭。掌握颜料的覆盖性能就能恰当地表现服装画的浓淡变化、流畅线条和细巧的笔法，起到丰富画面和塑造服装画人物形体的作用。在水粉颜料中，白色的覆盖力最强（图3-38），红色的覆盖力居中（图3-39），黄色的覆盖力最弱（图3-40），掌握颜料的性能和特点，就能有的放矢地进行服装画着色设计。

三、水粉画笔法

水粉笔扁形方头，这是模仿油画笔形状制造的，有大小不同的各种型号，很适宜涂画较大面积的色块。水粉笔侧面可画出较细的线，如运笔时正侧转动，就会出现线面结合、富有变化的表现效果。

水粉画笔触厚重，可根据服装款式和人物造型来运用笔法。用笔要果断、准确、概括、简练，还要讲究用笔的轻松流畅和速度，使画面产生一种活泼、自然、统一的格调。要充分表现出服装画风格和肌理效果，这样会增强水粉画的表现力，更加丰富画面层次，从而蕴藏着灵性之韵的魅力。

水粉画笔法有摆、揉、点、扫、晕、涂，能够形成不同的肌理效果和视觉冲击力（图3-41—图3-46）。

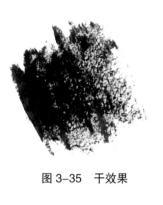

图3-35　干效果

图3-36　湿效果

图3-41　摆：笔触要有规律地排列，也要有一定的力度和运笔方向

图3-42　揉：笔触在纸上来回转动或者连笔，笔触之间衔接要自然生动

图3-37　饱和效果

图3-38　白色的覆盖力最强

图3-43　点：用笔尖接触纸面留下特定的具有一定方向的形状

图3-44　扫：落笔和收笔要轻轻在画面上扫一下，笔与纸不即不离

图3-39　红色的覆盖力为中等

图3-40　黄色的覆盖力最弱

图3-45　晕：笔中含有饱和的颜色在纸上面蘸一下，然后用另一支干净毛笔进行推晕

图3-46　涂：是构成"面"的一种方法。通常有平涂、厚涂和薄涂三种类型

第四章

服装画的表现技法

服装画的表现技法是根据绘画工具的种类来划分的，每种工具和材料的应用都能形成独特的风格和效果。设计师经常使用的绘画材料有水彩颜料、水粉颜料、彩色铅笔、油画棒、麦克笔等。掌握这些工具、材料的性能和使用方法，就可以自如地表现各种各样的服装画风格；同时，亦可根据自身的审美意趣来选择技法。

第一节 ◉
服装画常用表现技法

一、毛笔画

毛笔是一种传统的绘画工具。用毛笔作画是依靠不同的笔法和墨法来表现时装人物形象与衣料质感的。毛笔用法可分为中锋、侧锋两种。中锋主要用来刻画服装的大体外形和形体的主要骨骼线。侧锋起到变化线条形态和加强表现力的作用，可用于表现形体的转折及其起伏变化。合理运用中锋与侧锋，可使画面更加丰富、生动。

线描的运用是随着面料质地和墨彩浓淡而变化的。例如，同一服装款式，用丝绸面料做的和用毛呢面料做的给人的视觉效果完全不一样。在具体描绘时，细的线条适合表现薄、软的面料；粗的线条则适合表现厚、重的面料。因此，落笔的快慢、粗细、轻重，用墨的干湿、浓淡以及不同笔法和墨法的运用，都要讲究相互映衬。

使用毛笔绘画的步骤（图4-1、图4-2）：
① 用较轻的线条画出对象的大体轮廓造型。

步骤一

步骤二

步骤三

步骤四

步骤五

步骤六

图 4-1　毛笔绘画步骤

图 4-2　毛笔完成稿

②用浅墨色表现出局部的明暗关系。

③用深墨色给服装上色，注意留白的处理和墨色的深浅变化。

④画条纹时也要随时按光影、面料的起伏进行不同的处理。

⑤深入描绘，逐步增加深浅墨色的层次感。

⑥继续加深，丰富对象的重点部位，弱化某些次要的部分，画面线条应虚实相间、有疏有密。

二、铅笔素描画

铅笔画是表现服装人物立体感、空间感的一种手段，能真实地表现出服装的对象。铅笔画以线条流畅、简洁、清晰明朗为主要特征，给人一种朴素单纯的感觉。作画时，首先确定画面人物的构图及比例，用简练的线条画出从头到脚的动势线或人体动态，再用铅笔线条勾勒出有韵律的线条，或用块面法渲染出不同的深浅层次，以表现服装的各种造型、质感和细节（图4-3—图4-5）。

图4-3　铅笔画着装效果（1）

图 4-4 铅笔画着装效果（2）

图 4-5　铅笔时装插图

由于服装款式和各种衣纹的起伏变化，使得明暗层次非常丰富，我们把这种明暗层次变化称为明暗五调子，即亮部、中间色、明暗交界线、反光、投影。其中亮部和中间色属于物体的受光部，明暗交界线和反光、投影属于暗部，它们构成了铅笔素描画明暗两大体系。在作画时，亮部要尽量避免脏，暗部要尽量避免闷。

铅笔素描画法步骤（图 4-6、图 4-7）：

① 用铅笔轻轻画出人物的基本轮廓和结构，线条做到"宁方勿圆"，并粗略描绘发型和五官的素描关系。构图上，一般在脸朝向的地方要稍微多留一点空间，这样画面感觉开阔。

② 深入描绘发型、眼睛、嘴角等部位的明暗和透视关系，尤其注意发型的起伏变化和饰品的点缀，同时区别发型颜色与衣服颜色的深浅变化。

③ 将 2B 或 3B 铅笔削尖仔细描绘暗部、亮部、等明暗关系以及衣领蝴蝶结、鹦鹉羽毛等细节部分。重点表现和刻画眼神的体积感。

④ 最后整体调整。拉开鹦鹉与人物之间前后空间层次关系；注意头部、颈部、肩部的比例和透视关系；注意服装花纹图案的细微变化关系；注意花纹图案既不能太突出，又不能太平淡。

步骤一

步骤二

步骤三

图 4-6 铅笔素描画法步骤

图 4 −7　铅笔素描画完成稿

三、水彩画

水彩画以流畅的水分、生动的笔触、概括的用色、细致的刻画来表现服装画。水彩画主要以"水"为主，它是以水为媒介，调配出透明或半透明的色彩效果，具有清新、湿润、流畅的特点，画面轻松、优雅，适合表现具有透明感、飘逸感和轻快感的薄型面料服装。用水彩表现服装画时，关键要掌握水分。如果第一遍上色时积水太多，第二遍上色时，因水色淋漓，容易损毁画面，很难表现明暗关系；如果第二遍上色太晚就会出现渍块，这是作水彩画时需要避免的情况。作画前必须周密考虑，做到意在笔先、胸有成竹。水彩画技法主要有湿画法和干画法两种。

（一）水彩湿画法

湿画法就是在打湿的画纸上作画。这种画法适宜表现体面转折不明显、色彩朦胧、含蓄的画面。

水彩湿画法的步骤（图4-8、图4-9）：

① 用铅笔画出头像的五官，眼睛可画大一些，发型要有起伏变化，线条要流畅自然。

② 打湿画面的背景与头发部分，在未干时上不同颜色，营造朦胧效果。

③ 用白色加少许土黄、朱红、熟褐，用水稀释，画出脸部的基本色调，并空出光线的留白位置。

④ 调出不同的肤色，在肤色半干时深化眼窝、眼睑、鼻头和两腮，略带点红。

⑤ 用不同深浅的灰褐色勾眼部并描眉，用黑色描上眼线和瞳孔，嘴唇淡红色，留出光亮位置。

⑥ 用黑褐色勾勒出发缕的层次，注意虚实处理，并留出光亮部位，最后在画面上描白提亮。

（二）水彩干画法

干画法是一种比较简单的方法，就是在干的画纸上直接落笔，颜色要层层添加。这种画法适宜表现轮廓明确、色彩清晰的服装款式。由于干画法水量较易掌握，因此适合初学者练习选用。其技巧在于体现画面的笔触、明暗、颜色、趣味和情调。

步骤一

步骤二

步骤三

步骤四

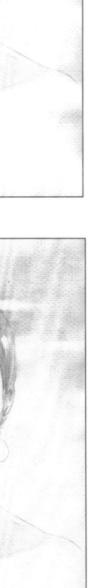

步骤五

步骤六

图 4-8　水彩湿画法步骤

图 4-9　水彩湿画法完成稿

水彩干画法的步骤（图 4-10、图 4-11）：

① 用铅笔详细画出着装人体姿态及服装款式，线条要清晰生动。

② 用平铺的方法画出服装的基本色调。

③ 待画面干后，用深色在原色块上画出阴影部分。

④ 用同样的方法画出牛仔裤。

⑤ 调色画出图案的形态，待干后用浅色提亮。

⑥ 调整并完成发型、面部和配饰，最后用 2B 铅笔勾线。

步骤一

步骤二

步骤三

步骤四

步骤五

步骤六

图 4-10　水彩干画法步骤

图 4-11　水彩干画法完成稿

四、水粉画

水粉画法是服装画常用的表现手法之一。水粉为不透明颜色，覆盖力强，具有厚重的效果。一般适宜表现质地厚实的面料。水粉颜料用水稀释后，具有明央、柔润的特点。

水粉画技法主要有平涂法和薄画法两种。

（一）平涂法

平涂是装饰性比较强的一种表现技法。平涂要求水分适中，调色均匀，涂色平整、细腻且有绒面感，色块单纯没有浓淡、冷暖的变化。它依靠色块与色块之间的对比关系来表现服装特征。平涂法可先着色后勾线，也可先勾线后着色。具体运用时，可根据服装款式结构和面料的质感来体现。

水粉平涂法的步骤（图4-12、图4-13）：

① 用铅笔勾画出人体动态及服装款式，注意构图的合理安排。

② 将颜色平涂在服装上，在适当部位留出一些纸的空白，使之产生光感和虚实效果；在未被服装掩盖的人体部分涂上肤色。

步骤一

步骤二

步骤三

步骤四

步骤五

步骤六

图 4-12　水粉平涂法步骤

图 4–13　水粉平涂法完成稿

③ 不断换色并利用水粉的覆盖特点描绘出服装图案。

④ 重复上一步骤，并逐步深化细节。

⑤ 为防止草稿线条被掩盖，可以先画出裙服的阴影部位。

⑥ 在裙服的光亮部位留白，其他部分依照光影涂满色块。

（二）薄画法

水粉薄画法在运用时，笔上含水分多而颜色少，画在纸上笔触容易晕开衔接，接近于水彩画的方法。但是水粉的薄画法不能简单地理解为与水彩画一样，因为水粉画是带粉质的，不可能达到水彩画那样水分饱和、流畅、透明的效果。薄画法宜表现棉、化纤、丝绸等面料。通过颜色的衔接，表现各种物体的体积、空间等效果，同时还能充分表现对象的外观特征。通常，薄画法和干画法可根据画面的需要同时运用。

水粉薄画法的步骤（图4-14、图4-15）：

① 用铅笔勾画出人体动态及服装款式，注意构图的合理安排。

② 用较厚实的颜色画出服装的大致色调，空出

步骤一

步骤二

步骤三

步骤四

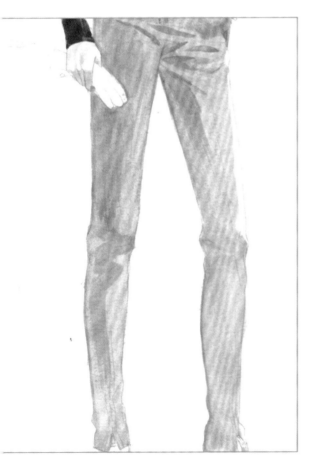

步骤五

步骤六

图 4-14　水粉薄画法步骤

图 4-15　水粉薄画法完成稿

亮面。

　　③ 在原颜料上加水稀释，画出服装的亮面。

　　④ 逐渐深化服装的细节。

　　⑤ 长裤的绘画方法正好相反，用薄颜料铺底，用干、湿笔刷分别画出皱褶和背景。

　　⑥ 完成细节的描绘，并用墨色毛笔和铅笔交替勾边。

五、色粉画

　　色粉笔是一种带粉质的色条。色彩间的混合可用手指与擦笔（软纸、绒布）揉混，也可与水粉或水彩结合使用，画面会出现一种别致的风貌，这种方法早在 18 世纪就盛行于欧洲。由于其色泽鲜艳绚丽，表现力强，因此适宜于描绘各种清新活泼的时装及高雅飘逸的礼服。在画面的处理上更需注意轻重、疏密的变化，运笔要爽快，色阶要分明，切忌拖泥带水反复察染；勾勒的线条需落在服装款式关键部位上；涂抹则可以轻松一些，这样便会显得生动活泼且富有层次感。色粉可用软橡皮擦除修改，还可以与钢笔、铅笔和炭笔等工具结合使用。

　　色粉画的表现步骤（图 4-16、图 4-17）：

步骤一

步骤二

步骤三

步骤四

步骤五

步骤六

图 4-16　色粉画表现步骤

图 4-17　色粉画完成稿

① 用色粉条在人体阴影部分上色。

② 用软纸、绒布或手指将色块部分擦开。

③ 运用同样的方法擦出服装的大面积色块。

④ 用冷暖深浅不同的颜色表现出褶皱的层次。

⑤ 用同样的方法擦出朦胧效果的发型。

⑥ 使用木炭笔描勒勾线，注意用笔的轻重与粗细的变化，最后用白粉提亮。

六、钢笔淡彩

先用铅笔画出服装的款式，再用水彩施以淡淡的颜色，最后用钢笔进行加深和勾线。铺色时笔触要轻柔，以免因水色与钢笔线条相互渗入而弄脏画面。钢笔淡彩技法以其简洁、明快、舒畅的特点成为服装画技法中常用的一种表现形式。其画法是以服装的造型为主，突出款式、结构和细节部位，运用时简捷方便，适合表现款式造型丰富的服装设计图。

钢笔淡彩的表现步骤（图 4-18、图 4-19）：

① 铅笔起稿。用笔要轻缓，以便之后的淡彩能盖住一些铅笔残痕。

步骤一

步骤二

步骤三

步骤四

步骤五

步骤六

图 4-18　钢笔淡彩表现步骤

图 4-19 钢笔淡彩完成稿

② 使笔尖保持有水分的状态，轻轻涂画出肌肤的颜色，亮处用水晕开，画头发时要空出光亮的部位。

③ 因水彩无覆盖效果，所以图案部分要小心地分开描绘。

④ 逐步深入刻画。

⑤ 用蘸水晕染的方法画渐变的裙子，用同色、同深度的色彩在衣纹等阴影处加深，切忌色厚色脏。

⑥ 待画面干后，用细笔尖的钢笔在需要加深的地方打出阴影或勾线。

七、彩铅淡彩

服装画所用的彩色铅笔一般为水溶性彩色铅笔，既运用素描的方法来表现服装造型和面料质感，又运用色彩规律来表现服装的配色效果。创作时用彩色铅笔在淡彩服装的基础上仔细地描绘出款式结构和造型，切忌一支笔画到底，以避免色彩过于单调。其上色后有一层类似绒毛效果的颜色，适合于表现毛衣类或粗纺毛织物类的服装，若用笔细腻，可表现出丝绸服装的飘逸质地和色调朦胧的效果。彩铅淡彩的表现步骤（图4-20、图4-21）：

步骤一

步骤二

步骤三

① 用铅笔画出人物动态及服装款式，线条要清晰流畅。

② 用水溶彩色铅笔在各部位涂画出不同的颜色。

③ 用毛笔蘸清水涂抹，使颜料晕开如水彩。

④ 待画面干后，直接用铅笔描绘针织服装的图案细部。

⑤ 深入细节描绘。

⑥ 刻画脸部和头发，颜色要丰富且整体。

步骤四

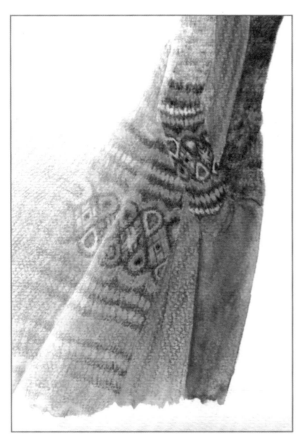

步骤五

步骤六

图 4-20　彩铅淡彩表现步骤

图 4-20　彩铅淡彩完成稿

八、麦克笔

"麦克"是英语"make"的音译，原意是"记号"，起初用于货物标记，后来发展成了一种新的绘画工具。麦克笔的特点是色彩艳丽，无须调色，方便快捷，是现代服装效果图、服装画插图最常使用的工具之一。使用麦克笔要注意三点：（1）线条不宜重叠，落笔要果断，讲究粗细变化的笔触；（2）画面应侧重于整体效果的描绘，要表现出豪放、帅气的风格，不能太拘泥于细节的刻画；（3）敷色时适当留出空白，显得生动，有透气感。

麦克笔的表现步骤（图4-22、图4-23）：

① 用铅笔画出人物动态及服装款式，线条要清晰流畅。

② 选用不同颜色涂出皮肤、五官及头发部位，用最大的笔触去表现，用笔要自如、果断，恰到好处，不能在画面上反复涂改，否则会留下许多斑点或接痕。

③ 运用上一步骤的方法涂出上衣部位。

④ 运用上一步骤的方法涂出裙子部位。

⑤ 用同色系麦克笔在所需要的服装与人体处画

步骤一

步骤二

步骤三

步骤四

步骤五

步骤六

图 4-22　麦克笔表现步骤

图 4-23　麦克笔完成稿

出阴影或暗部，如不需要太多的留白，可用清水进行晕色，使其自然融合。

⑥ 用钢笔勾勒人物头部、四肢、服装的结构线及配饰等细节部位。

九、蜡笔／油画棒

蜡笔与油画棒是油脂性颜料，颜色种类很多，层次丰富，具有较强的表现力。特别是油画棒，其笔触粗厚，具有一定的覆盖力，反复添加重叠能产生强烈的色彩感觉。其风格特点是粗犷、淳朴、实在，擅于表现敦厚、浓重的织物，如毛呢类、编织类等肌理粗糙的面料，或者表现蜡染的效果以及花布图案。用蜡笔和油画棒绘制服装画，要先在稿子上用铅笔画好纹样的位置和形状，再用蜡笔或油画棒描绘出图案或面料的质感。由于蜡笔或油画棒阻染性能好，最后可用水粉或水彩颜色整体铺色，产生一种意想不到的特殊效果。

油画棒的表现步骤（图4-24、图4-25）：

① 用铅笔轻轻打稿。

② 用不同的颜色给受光面和反光面上色。

步骤一

步骤二

步骤三

③ 给服装的中间调子上色，注意多种色彩交叠变化，避免用色单一。

④ 画出围巾和头部。

⑤ 不断丰富色彩，反复涂抹，使之产生厚实感。

⑥ 运用同样的方法处理背景，涂抹要厚。

⑦ 用木炭笔勾线。

步骤四

步骤五

步骤六

图 4-24　油画棒表现步骤

图 4-25　油画棒完成稿

第二节 ◉
服装画的特殊表现技法

一、拼贴

根据服装款式和面料质地，利用布料、树皮、树叶、花色纸、彩色照片、线绳、塑料片、金属片、贝壳、羽毛等材料裁剪出适合的形状，拼贴出服装效果图，获得一种特殊的装饰效果。拼贴出来的画面呈现凹凸感，具有浮雕效果，能给人以真实强烈的直观印象。创作拼贴画时可发挥自己的想象力，挖掘和发现各种自然的和人工的材料，并巧妙地利用它们激发创作灵感（图4-26、图4-27）。

图4-26　拼贴表现（1）（作者：何智明、刘晓刚）

图 4-27　拼贴表现（2）（作者：村上启一）

随着计算机技术的普及和使用，拼贴手法借助软件可以实现更加自由多样的搭配，大大拓展了拼贴画的表现空间。

二、渍水

渍水是利用墨或水彩之类的颜料与水调和成浓淡各不相同的水色，在纸上绘出各种形态。水色融合会形成晕染的朦胧效果，水色干后会形成自然的边缘线，因而使画面具有特殊的韵味。著名时尚插画家马茨（Mats Gustafson）是水渍技法的最佳阐释者（图4-28）。

三、喷绘

喷绘是 20 世纪 90 年代之前用于大型时尚广告画的一种绘画技法。它是使用电动泵将调好的颜料喷到画面上，具有良好的柔和与渐变的效果。喷绘的绘画程序较为复杂，成本也比较高。喷绘作品具有特殊的光泽感，能营造出精致艳丽的画面效果（图4-29、图4-30）。

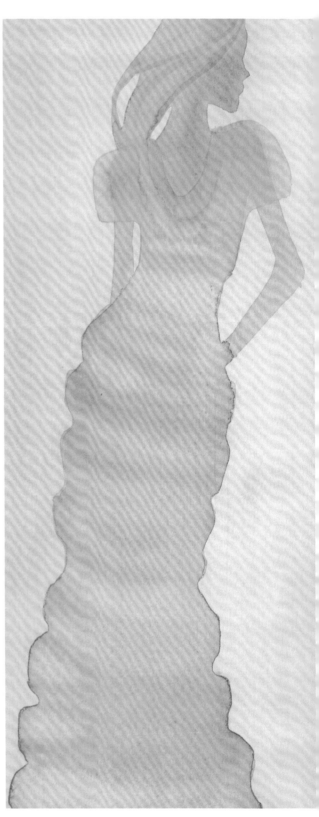

图 4-28　渍水表现（作者：马茨）

图 4-29 喷绘表现（1）
（作者：熊谷小次郎）

图 4-30 喷绘表现（2）
（作者：熊谷小次郎）

四、计算机时装画

计算机时装画是 20 世纪 90 年代兴起的、目前被广泛使用的表现方法。它主要运用绘图软件作画，如 Painter、Photoshop、Illustrator、Coreldraw 等。绘图软件可以轻松地剪贴质感，修改颜色和造型，设计花样图案，具有强大的组合变化能力，非常适用于成衣的系列化设计和颜色层次丰富的各种时装广告插画（图 4-31—图 4-34）。

图 4-31　计算机时装画（1）
（作者：贾森·布鲁克斯）

图 4-32　计算机时装画（2）
（作者：贾森·布鲁克斯）

图4-33　计算机时装画（3）
（作者：贾森·布鲁克斯）

图4-34　计算机时装画（4）
（作者：贾森·布鲁克斯）

第三节
服装面料质感的表现技法

一、棉麻类面料

棉麻类面料适用于春夏时装。服装面料表现时用

线要平直略刚，上色层次要薄，落笔不宜反复，要干净利落，适当采用细小线条画一些纹路来表现质地和机理。

棉麻类面料的绘画步骤（图4-35、图4-36）：

① 用水彩给服装、肌肤上第一遍色，亮处留白，褶皱处加深。

步骤一

步骤二

步骤三

步骤四

图4-35　棉麻类面料绘画步骤

图 4-36　棉麻类面料完成稿

② 给衬衫上第二遍色，使之更加柔和，用同样的方法给裤子上色。

③ 加深裤子颜色，增加层次，添加肌理，给腰带上底色。

④ 用小笔蘸白色水粉颜料，给衬衫添加斜纹肌理，使之有结纱感，给腰带加点深色，使之如针织品一样柔软、厚实。

二、丝绸类面料

丝绸类面料常见于礼服类服装，因其漂亮的光泽呈现出高贵、迷人、光滑的效果。丝绸光泽有柔软型（丝缎），也有刚硬型（塔夫绸），还有反光型（丝绒），表现方法也各有不同。绸缎用色要薄，丝绒用色要厚。

丝绸类面料的绘画步骤（图 4-37、图 4-38）：

① 用两支笔，一支蘸颜料，另一支蘸少许清水，在暗处涂颜料，在光亮处用水将颜料晕开。

② 用同样的方法依次画出其他部位的颜色与光泽，注意深浅不同的层次变化。

③ 刻画褶皱层次，逐步深入细节。

④ 深入刻画并调整整体关系。

三、皮草类面料

皮草面料多用于秋冬服装，能显示出温暖、富贵之感。皮草的类型很多，有的色泽单纯，有的富有动物般的花纹变化，表现时要注意画好毛的走向，笔触不要胡乱交错，要使之表现出顺滑感，并有规律性。

皮草类面料的绘画步骤（图 4-39、图 4-40）：

① 用水彩湿画法给毛皮铺上底色。

② 用深色细笔画出毛的走势，注意不要画得太满、太多，否则容易显得脏而重。

③ 用白色细笔提出亮色毛，和深色一样，不宜太满，与深色毛交替穿插表现。

④ 用桔黄彩色铅笔提亮局部，完成其余细节。

四、牛仔类面料

牛仔布是一种较粗厚的色织经面斜纹棉布。经纱颜色深，一般为靛蓝色；纬纱颜色浅，一般为浅灰或煮练后的本白纱。表现牛仔面料的关键是要表现出斜纹、装饰线迹与水洗磨砂的效果。

牛仔类面料的绘画步骤（图 4-41、图 4-42）：

① 用水彩湿画法铺底色，在边缘部分作磨白效果。

② 待画面干后，用深色加强褶皱部分的细节处理。

③ 用彩色铅笔画出面料斜纹肌理。

④ 完善其他服饰细节部分。

五、针织类面料

针织面料质地松软，有良好的抗皱性与透气性，并有较大的延伸性与弹性，穿着舒适。织纹组织变化丰富，常见的有罗纹、绞花、空花等，表现时线条要柔和一些。

针织类面料的绘画步骤（图 4-43、图 4-44）：

① 用铅笔仔细画出服装的编织花样。

② 用水彩干画法给服装铺上颜色，注意层次变化。

③ 用深色小笔勾勒，使之产生凹凸感，图案则分块上色。

④ 用铅笔描绘出纹理效果。

六、皮革类面料

皮革常用于秋冬的服装设计。皮革表面有一种特殊的粒面层，具有自然的粒纹和光泽，手感舒适。其光泽与绸缎相似，褶皱相对较少，表现时线条可以硬些，色彩可以画得厚实些。

皮革类面料的绘画步骤（图 4-45、图 4-46）：

① 用铅笔画出皮革服装的大体素描关系。

② 参照前图，用水彩干画法给服装铺色，高光部分要空出来。

③ 用红色、赭石色、紫色等彩色铅笔加强服装的明暗关系。

④ 用黑色炭铅笔再次加强并勾线，使之产生厚实感。

七、蕾丝类面料

蕾丝花样丰富，多数有通透的质感，表现深色蕾丝时，一般先铺上一层底色，再在上面简略地画出图案花纹。边缘部分多毛边效果。如果是浅色的蕾丝，一般铺面料下面的色彩，然后用浅色加白粉覆盖

步骤一

步骤三

步骤四

图 4-37　丝绸类面料绘画步骤

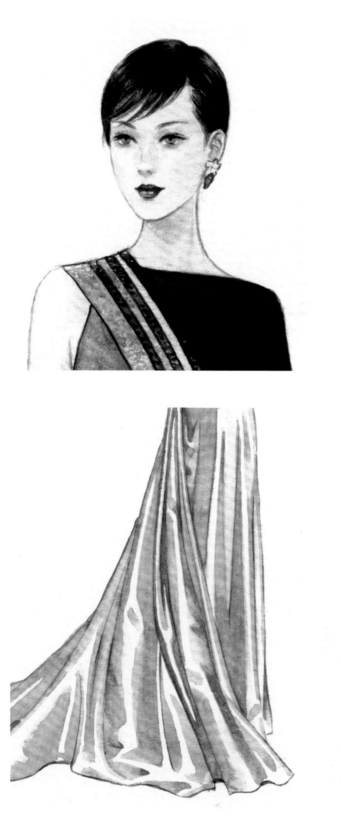

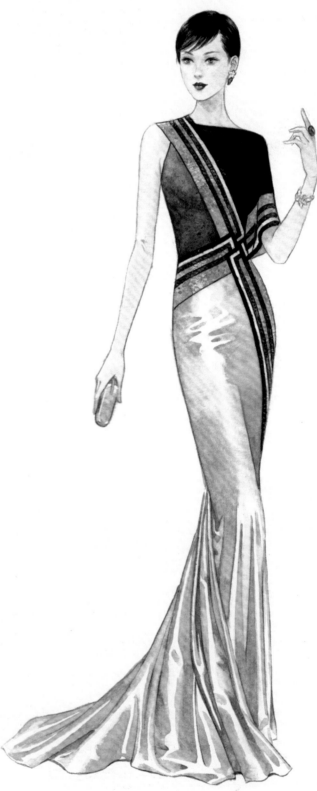

图 4-38 丝绸类面料完成稿

步骤一

步骤二

步骤三

步骤四

图 4-39　皮草类面料绘画步骤

图 4-40　皮草类面完成稿

步骤一

步骤二

步骤三

步骤四

图 4-41　牛仔类面料绘画步骤

图 4-42　牛仔类面料完成稿

步骤一

步骤二

步骤三

步骤四

图 4-43　针织类面料绘画步骤

图 4-44　针织类面料完成稿

步骤一

步骤二

步骤三

步骤四

图 4-45　皮革类面料的绘画步骤

图 4-46　皮革类面料完成稿

花纹。

蕾丝类面料的绘画步骤（图4-47、图4-48）：

① 用铅笔画出蕾丝的花样。

② 给肌肤和裤袜上色。

③ 铺上一层透明的黑底色，在花纹处多描绘两层。

④ 用黑色加深花纹的边缘部分。

步骤一

步骤二

步骤三

步骤四

图4-47　蕾丝类面料绘画步骤

图 4-48　蕾丝类面料完成稿

八、雪纺类面料

　　雪纺是指半透明的轻薄面料。这类面料层叠后表现出丰富的层次感和朦胧感，描绘时线条要流畅，一般可使用水彩干画法一层层叠加，在较厚的不透明的地方则处理成正常的明暗关系。

　　雪纺类面料的绘画步骤（图 4-49、图 4-50）：

　　① 先铺上肌肤底色，在衣料覆盖处减淡，避开皱褶。

　　② 调好衣料颜色，覆盖上去，可以先画较深的褶皱部分。

　　③ 第二遍铺色，将之铺满衣料。

　　④ 待干后在局部层叠多的地方，根据需要多次铺色，用小笔勾卷边。

步骤一

步骤二

步骤三

步骤四

图 4-49　雪纺类面料绘画步骤

图 4-50　雪纺类面料完成稿

九、粗纺类面料

粗纺类面料多用于秋冬服装，如人字呢、雪花呢、苏格兰格子布、千鸟纹等。此类面料较适合用水粉表现，因为水粉的覆盖性能强，适宜表现各种颜色交错的格纹。

粗纺类面料的绘画步骤（图 4-51、图 4-52）：

① 给服装上浅蓝灰底色，并画出明暗层次关系。

② 用灰色小笔点出雪花，用黑色小笔打斜纹画出格子形状和千鸟的色块。

③ 用黑色小笔点深色雪花，涂满横竖格条的交界，画出千鸟纹的纹理。

④ 用白色小笔点雪花，并用虚线画出白色的格纹。

步骤一

步骤二

步骤三

步骤四

图 4-51　粗纺类面料绘画步骤

图 4-52　粗纺类面料完成稿

十、金属（亮片）类面料

金属类材质多出现在服装的各种配饰及装饰上，绘画时主要表现材料的光泽感。一般可将光泽由深到浅分为 3～6 个层次，白色为最亮点，深色为最暗处，中间层次均要有一定的饱和度，反光处的颜色要表现出明亮的感觉。

金属类面料的绘画步骤（图 4-53、图 4-54）：

① 用干湿相间的手法铺黄色调层次，亮处留白。

② 给装饰部分涂上颜色，分出大致的明暗。

③ 用深色加深细节暗部。

④ 用明亮色描绘中间层次，不要太多，用白色提亮。

步骤一

步骤二

步骤三

步骤四

图 4-53　金属类面料绘画步骤

图 4-54　金属类面料完成稿

第五章
服装工艺制作与造型

对于运用型服装画来说，服装的工艺制作与造型的画面表现尤为重要。服装工艺制作在任何类别的服装中都是必不可少的，越是高级的服装，通常制作工艺就越是讲究。服装制作工艺是构成服装的基本要素，主要分为服装缝制工艺与服装装饰工艺两方面。服装的造型包括服装外部廓型和服装局部造型：服装外部廓型是指服装整体外轮廓的造型；服装局部造型是服装廓型以内的零部件（如领子、口袋等）的造型和内部结构的形状（如省道等）。

本章将具体介绍一些主要的服装工艺制作细节与局部造型的表现方法。在绘制服装画的过程中，只有将服装工艺制作统一于服装整体造型之中，才能对整体效果起到充实和完善的作用。

第一节 ◉
服装缝制工艺

随着缝纫机械的产生和发展，手缝工艺越来越多也被机械所代替。现代服装生产中，机缝工艺已经成为整个缝制工艺中的主要部分。在服装缝制前应做好根据不同面料的厚薄程度来选配机针、选择针距、调底面线等准备工作。

我们在表现服装缝制工艺时，总体而言应当做到线迹整齐均匀、平整美观。

一、缝型

衣服是由不同的机缝法将衣片连接在一起而形成的，从工艺上来讲主要有平缝、搭接缝、坐缉缝、压缉缝、贴边缝、闷缝、别落缝、漏落缝、来去缝、包缝（明包缝、暗包缝）等多种缝制手法，但就外观上

来看，都非常相似，具有等距、平直、顺滑等特点。在绘制时应注意针迹线条粗细、长短、间隔距离的一致，线迹要流畅，可借助尺子、曲线板进行绘制，务必做到直线挺直、弧线圆顺。此外还应当注意线迹与布边的间距应符合实际缝制时的间隔比例（图5-1—图5-3）。

二、滚边

滚边也称滚条，"滚"同"绲"，它是处理服装衣片边缘的一种方法。滚边按宽窄程度和形状大小分，有细香滚、窄滚、宽滚、单滚、双滚等；按滚条所用的材料及颜色分，可有本色本料滚、本色异料滚、镶色滚等；按缉缝层数分，有二层滚、三层滚、四层滚等。

具体操作时，用45°的斜向布条沿着衣服的边缘包住后缝合，以达到美观牢固的效果。在我国传统服

肩部明缉线

袖口明缉线

覆肩双缉线

衣下摆的双缉线

图5-1 机缝线迹（1）

图 5-2　机缝线迹（2）

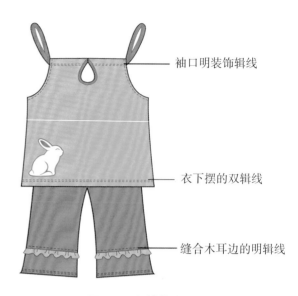

图 5-3　机缝线迹（3）

装中常用于领、襟、袖、叉等部位，这些部位能把服装的整体线条充分地凸显出来，体现出中式服装的古典韵味。

　　绘制时注意滚边宽窄一致，滚边线条与衣片边缘线平行，尤其是表现凸弧形滚条时，更要注意滚边线条与衣片弧形边缘的平行一致，以及滚边宽度应符合实际缝制时的宽度比例。此外，在表现较厚的一类滚边时（如双层双面滚光式），可适当运用线条与光影表现其立体效果（如图5-4）。

三、镶嵌

1.嵌条

　　嵌条也称镶嵌线，是将相同或不同颜色、质地的面料剪成斜条，折合后缝制在衣片断开的边缘或口袋部位，如领、袖口与裤子侧缝等，以达到装饰的效果。嵌条可分明缝和暗缝两种制作方法，就外观效果看，明缝比暗缝在两层夹住嵌条的衣片表面多平缝一道0.1cm的宽明线，压住嵌条。为了使嵌条具有立体感，往往会在嵌条中间穿上如芯线，所以，我们在绘制时除了要真实地表现明缝和暗缝的不同效果以外，也需细致地画出嵌线于服装衣片夹缝中的立体装饰效果（图5-5）。

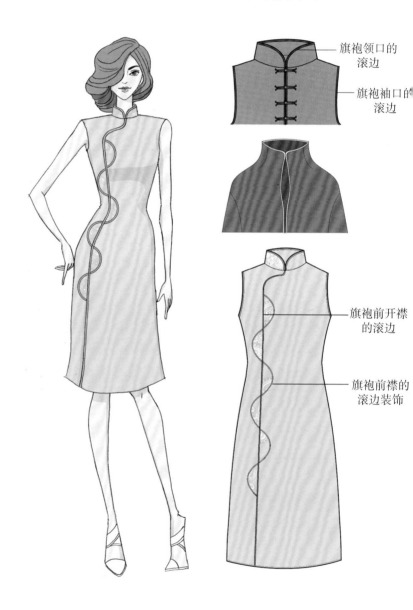

图 5-4　滚边
右上图，旗袍领与袖滚边；右下图，旗袍前襟滚边

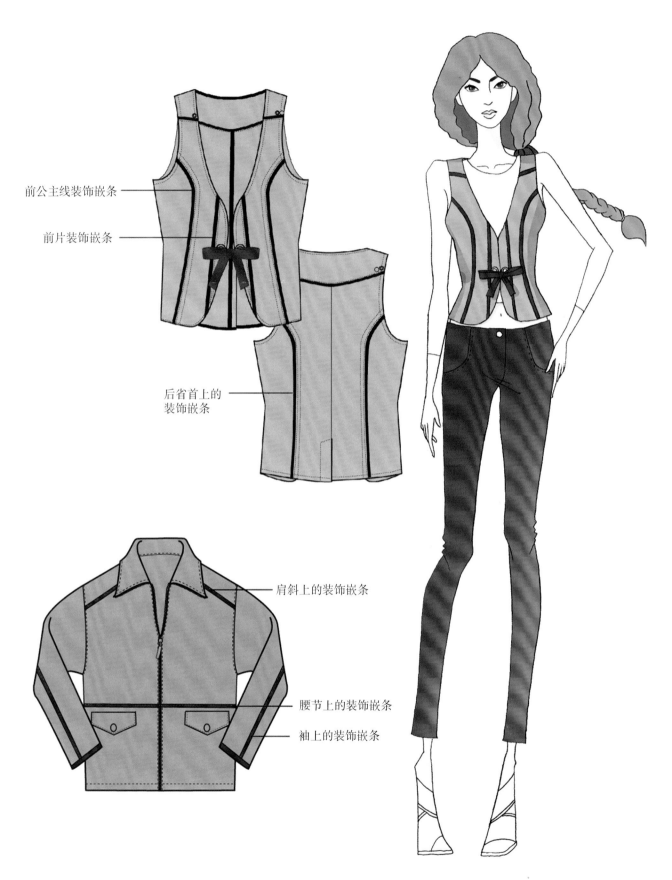

前公主线装饰嵌条

前片装饰嵌条

后省首上的
装饰嵌条

肩斜上的装饰嵌条

腰节上的装饰嵌条

袖上的装饰嵌条

图 5-5　装饰嵌条
左上图，女马甲上的装饰嵌条；左下图，男夹克衫上的装饰嵌条

2. 镶边

镶边是用另一种颜色或质地的面料镶缝在衣片的边缘，使服装款式变得精致而醒目，外观与滚边相似。镶边的宽度一般在 5cm 左右，具体可视其部位的不同而定。制作时将镶边布与衣片正面相对，按净印线相互对准拼缝，缉线两端打回针，然后分烫缝头。由于外观效果与滚边相似，因此绘制时方法也基本相同，但要注意镶边的宽度较滚边宽。如果镶边所使用的面料与服装面料不同，在绘制时则需注意把两种面料区分开（图 5-6）。

领圈装饰镶边

袖窿装饰镶边

门襟装饰镶边

西装马甲袖窿装饰镶边

西装马甲领口装饰镶边

西装马甲盖袋上的装饰镶边

图 5-6　装饰嵌条
左上图，旗袍上的镶边装饰；
左下图，西装马甲上的镶边装饰

四、省道

　　人体体形的特殊性决定了二维的面料无法完全贴合在三维的人体上，导致很多部位会呈现出松散状态，将这些松散量以一种集约式的形式处理便形成了省。省道是服装制作中对余量部分的一种处理形式，它的产生使服装造型由传统的平面造型走向了真正意义上的立体造型，在纸样上通常表现为 V 形及上下 V 形，具有一定的装饰性和功能性。

　　省的可分布部位很多，根据分布部位的不同，常见的省有：前肩省（Front shoulder dart）、前腰省（Front waist dart）、胸省（Chest dart, breast dart）、领省（Neck dart）、领口省（Neckline dart, gorge dart）、驳头省（Lapel dart）、肋省（Underarm dart, side dart）、横省（Side dart）、袖窿省（Armhole dart）、肘省（Elbow dart）、肚省（Stomach dart）、曲线省（French dart）、鱼型省（Fish dart）等。

　　绘制时注意省道的长短和在服装上的位置应符合实际，避免出现脱离实际或无法实现的省道。此外，服装上的省道一般都为对称分布，描绘时注意左右省道的对称一致（图 5-7）。

前片公主线

前腰省

后公主线

后腰省

西装裙上对称的腰省

女西装上的前胸腰省

图 5-7　省道
左上图，女式小西装上的省道；左下图，西装裙上的腰省；中下图，女西装上的胸腰省

第二节 ⊙
服装装饰工艺

一、褶

褶是服装装饰工艺中常用的处理手法，是一种根据服装款式要求而有意添加的褶皱，起着局部收缩的作用，多出现于裙装。中国在东汉以后，就开始在下裳中运用褶裥，褶裥的出现使裙幅增加、裙围增大，有利于穿着者的蹲坐和行走。褶裥近似于在服装表面"画"出的一道道装饰线条，这些"线条"还会随着人体的运动而产生一定的光影变化，不同的粗细、阴阳线条更给服装增添了一份虚实交错的独特魅力。

在绘制服装画时，应将这些褶皱与由于人体活动而产生的衣服褶皱相区别，特别要掌握在人体活动时褶的变化规律。一般情况下，褶因人的动势而产生的变化方向与人体动势的方向相反。此外，还要注意画出褶的透视变化。

1. 抽褶

抽褶是用线、松紧带或者绳子将面料抽缩，产生自然、不规则的褶裥的造型方法。抽褶在欧洲也有着悠久的历史，维多利亚时期的女子服装就多在领口和袖口抽褶，以产生饱满蓬松的效果。单独的或者间隔较宽的抽褶可以用在上衣的领口、袖口、前胸、后背、下摆等部位以及裙装上；而间隔较密的抽褶可以大面积地使用于服装中。抽褶可呈现出带有浪漫色彩的荷叶状或波浪状，产生松紧或疏密的节奏变化，皱纹密集而形态自然，富有很强的装饰性。

绘制抽褶效果时，线条应尽量做到轻松自然，表现出垂坠的感觉；绘制轻薄柔软的面料抽褶时，为了表现出逼真的面料质地，下摆衣边的横向弧线应当圆润、柔和，竖直的褶纹线应当绘制成顺滑、流畅的带有一定弧度的曲线条，可特意绘成飘动的状态；质地较硬的透明纱类面料在抽褶时则刚好相反，下摆衣边的横向线条一般在打转堆叠处呈现坚硬的锐角，竖直的褶纹线则要硬挺流畅，直线条居多；此外，还应表现出抽褶在人体运动状态下所呈现的透视关系（图5-8）。

2. 压褶

压褶是一种有规律的褶皱，其造型按设计需要可宽可窄，较为灵活。它的最大特点是压褶之后面料有很好的弹性，穿着时能贴合人体，但又丝毫不妨碍运动，在起到装饰作用的同时又具备良好的功能性。这种工艺手段经常运用于服装的前胸和后背、裙子的腰部、女式衬衫的领部和袖口，有时也运用在裤子上，或者作为纯装饰来使用。古代埃及的腰衣以及中国少数民族的百褶裙等，都是压褶的一种表现形式。

压褶可以通过手工或者专门的压褶机器来完成。手工压褶的制作方法是将染色后的面料夹在两层厚纸之间，然后折叠成事先设计的图案，通过蒸汽熨烫定型。手工压褶变化丰富，但较为耗时；工业压褶速度较快，但变化相对少一些。如三宅一生的褶裥服装即采用的是工业压褶，服装首先被裁剪和缝合成超大的平面形式，然后被夹在两层纸中间，通过压褶机器压缩成正常的尺寸，再用工业"火炉"高温定型。通过改变褶裥的宽度、疏密可以创造出丰富的图案效果。

与抽褶的绘制方法不同的是，由于压褶具有一定的规律性，故绘画时要注意褶裥均匀而统一，线条也要相对工整。如裙子上的压褶褶裥，一般总体呈放射状排列。距离机缝固定线越远，褶宽越宽。但是人体在走动时褶裥会形成堆叠，需注意形成的阴影效果与透视关系，同时应清楚地画出各种压褶的特点以及上下叠压的次序关系（图5-9）。

二、绣

绣是一种非常传统的图案表现手段，它是在已经加工好的缝料上，按照设计要求，由一根或一根以上的缝线采用自连、互连、交织而形成图案的方法。中国古代服装具有平面、整体的特点，给刺绣装饰提供了极大的表现空间。从新石器时代遗留的织物痕迹中就已发现了简单的刺绣。春秋战国时期，出现了用辫线在丝绸上手工绣制龙凤图案的工艺。北宋初年，江浙等地出现了精致的双面绣。明清以来，我国刺绣得到了进一步发展，先后产生了苏绣、粤绣、湘绣、蜀绣以及顾绣、京绣、瓯绣、闽绣、苗绣等富有地方特色的品种。传统的刺绣针法有稀针、手针、侧针、拉绣，后来又出现滚针、游针、扇形针、网绣、锁丝、刮绒、戳纱、纳锦、铺绒等。随着现代机器绣花、电脑绣花的产生，传统刺绣的工艺得到了继承和发展。

在现代服饰中，刺绣多用于局部点缀，较为常见的有彩绣、贴布绣、珠片绣、绚带绣、十字绣等形式，其风格从精致豪华到随意质朴，适应不同的审美趣味。为了获得区别于传统的新颖效果，设计师常常将其用在与丝绸、棉布等常规面料风格迥异的底布上，如用在牛仔布、呢子、皮革面料上等。精致细腻的刺绣与现代感很强的服装形成对比，能产生强烈的

女吊带北心上的袖褶工艺

女短裙上的抽褶荷叶边

女短裙双层抽褶荷叶边

图 5-8　抽褶装饰
右上图，女吊带背心上的抽褶装饰；右下图，女短裙上的抽褶装饰

女连衣裙前胸风琴褶的画法

女压褶裙上的压褶

女压褶裙下摆处的
画法

图 5-9　压褶装饰
左上图，连衣裙前胸压褶装饰；左下图，女性压褶裙

装饰效果。

在画面表现时，应画清楚图案所表现的形象，明确图案在服装上所处的位置，表明色彩效果，还要注意花形或其他图案形象在服装着装后的效果以及随之出现的透视变化。

1. 彩绣

彩绣泛指以各种彩色纱线或丝线绣制图案的方法，是最具代表性的一种刺绣方法。它具有绣面平伏、线迹精细、色彩鲜明的特点，在服饰图案设计中应用广泛。彩绣以线代笔，通过多种彩色绣线的重叠、并置、交错等技法产生丰富的色彩和肌理效果。

水彩、水粉、彩铅等工具均可用于表现彩绣。绘制时，通常先绘出花型轮廓，然后使用长短规律的线条，细细排列，填出花型。由于彩绣工艺一般来说都较为细致，因此为了真实地还原出图案的精致感，绘图时需认真、仔细，用色时应注意彩绣色彩丰富、过渡自然这一特征，特别注意要用笔触来表现彩绣的不同针脚特点。有时也可以在图案侧面增加一些阴影效果的处理，增强画面的立体感（图5-10—图5-12）。

2. 贴布绣

贴布绣是指采用各种不同颜色、质地和形状的布块，以缝、绣、贴等方法制成图案的工艺。其绣法是先将贴花布按图案要求剪好，平贴在绣面上（也可在贴花布与绣面之间衬垫棉花等材料，使图案隆起而有立体感），然后运用各种针法锁边。

贴布绣绣法简单，图案以块面为主，风格别致大方。我国的满、壮、苗、瑶、侗、彝、毛南、仫佬等数十个少数民族民间都有这种绣法，多用于服饰和日用品的装饰，如东北地区满族的背心、贵州丹寨苗族古装女服、广西南丹壮族布贴背带心等都是布贴绣中的珍品。在现代服装设计中，贴布绣的运用范围也非常广，使用时应主要考虑它与服装的整体效果和色彩搭配，并根据不同的风格加以装饰（图5-13、图5-14）。

3. 珠片绣

珠片绣也称珠绣，是将金属、宝石、玻璃、珍珠、贝壳、塑料等材料制成的颗粒状或片状饰物，缝钉在衣服或面料上形成图案的装饰工艺，具有较强的装饰性。用于珠片绣的饰物常为球形、管形、片状、水滴形、花虫形等形状，穿孔并用细线或钩链中连，精致而华美，多用于晚礼服及日常的各类服装。结合服装款式的风格和特点，珠片绣可用于大面积装饰，也可用于局部装饰。大面积装饰时要考虑不同部位的疏密关系、图案关系和色彩关系，做到整体协调，布局合理；局部装饰时应考虑突出服装的主体，可运用于前胸、领、肩、腰、袖等部位，以达到引人注目的视觉效果。

表现珠片绣工艺首先要掌握各种珠管或亮片的特点，在表现出图案整体效果的基础上，注意其质感的表现尽可能地将颗粒状或片状饰物的单独造型及立体感画清楚，例如珠片绣采用了亮片进行缝制时，亮片光泽感的表现就显得很重要。颗粒状饰物通常为一粒粒的串缝，具有连续性，因此绘制它们时间距要适当，前后衔接需自然、圆顺。对于一些线迹显露在面料表面的珠片绣，线迹的表现可有可无（图5-15—图5-17）。

图5-10 传统彩绣图案"蝶恋花"（来源：中国绣花网）

图5-11 中国传统服装中的彩绣（来源：中国绣花网）

图 5-12　女装彩绣
左图，女装彩绣；右图，女装套裙彩绣

图 5-13　贴布绣运用于服装

图 5-14　童装上的贴布绣装饰
（图片来源：中国服装时尚网）

图 5-15　Dior 高级女装珠片绣
（图片来源：中国服装时尚网）

图 5-16　Kenzo 女装珠片绣
（图片来源：中国服装时尚网）

图 5-17　直身裙上的珠片绣（作者：张茵）

4. 绚带绣

绚带绣也称扁带绣、盘带绣，是以丝带等带状织物为绣线，直接在织物上进行刺绣，或将饰带折叠、抽缩成一定的造型银嵌于服装表面的工艺。绚带绣光泽柔美、色彩丰富、造型别致多样且具立体感，正越来越多地出现于当今的时装设计中，是一种独特的服装装饰形式。

由于绚带绣通常使用的是一定长度的完整丝带，因此绘制时首先要把握好丝带宽窄的一致性及其前后延续性，通过绘出丝带翻折时的弧度、光泽感、纹理来表现其质感，通过丝带侧面的宽度和投影来表现丝带的厚度和立体效果，必要时也可将丝带上的缝迹线画出来（图5-18、图5-19）。

5. 镂空绣

镂空绣亦称雕绣，制作时，用锁针先沿花型边缘缝绣一圈，这样边缘形成光滑、平整、紧密的效果，

图5-18 花朵型绚带绣（作者：陈立方）

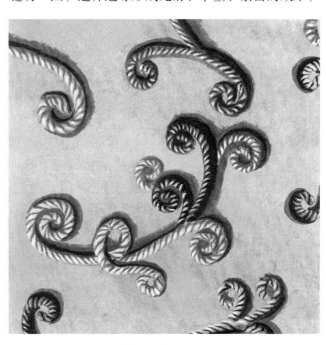

图5-19 卷草型绚带绣（作者：陈立方）

图5-20 镂空绣图案（作者：陈立方）

再把花型中间的布料沿边缘剪去，产生镂空的装饰效果。如果花型镂空的面积较大，可采取"六脚旁补"，即先用长直线补垫，再用锁针扣边，把悬空的花型固定，使较大的镂空处剔透典雅，产生视觉上的变化。

镂空绣的绘制应注意以下几点：第一，如果它是使用在没有夹里的服装中，在镂空处需露出皮肤，并加深阴影以突出立体层次感；第二，镂空处的锁边要画清楚，切勿含糊省略，锁边的针脚也可适度表现；第三，图案随着衣褶变化会产生一定的透视变形，在效果图中切忌将每个镂空绣的单独造型画得完全一致（图5-20、图5-21）。

女装高腰裙镂空绣

高级女装镂空绣

图5-21　女装上的镂空绣

三、扣结

1. 蝴蝶结

在服装中蝴蝶结的应用是很普遍的，从晚礼服、便服、职业服、儿童服装到帽子、鞋子等服饰物，处处都可看到蝴蝶结的踪影。蝴蝶结的外表美观且式样多，有单片、双片或多片组合，花瓣可设计制作成圆形、菱形、方形、三角形等各种形状。

常规造型蝴蝶结的制作方法也很简单：把一块布料裁剪成长方形并从反面将其缝合，中间留出一个开口，翻出正面，再按折扇法将中间折起，另用一细布条从中间绕紧缝合即可。一般的蝴蝶结内部不用加衬，但如果做一个较大的蝴蝶结，而且外观需要硬挺时，则应在内层加上黏合衬来增加其硬度。在一套服装中，可用单独的大型蝴蝶结，也可用一组小型蝴蝶结，各有其独特的效果。

在效果图中，蝴蝶结立体感的表现尤为重要。通过面料的翻折线的微妙弧度和褶皱可以显露出面料的厚薄和蝴蝶结的立体感。另外，也可借助一些手段，诸如添加阴影来制造它与服装的空间距离感。蝴蝶结飘带需要配合人物姿态来表现，其造型应表现为自然而具动态。如果蝴蝶结所使用的面料带有花纹，其花纹造型在褶皱和面料翻折处应有所变化（图 5-22）。

—— 女连衣裙上的蝴蝶结装饰

—— 女 T 恤上的蝴蝶结装饰

图 5-22　蝴蝶结装饰

2.盘扣

扣，即衣扣，主要在服装中用于衣襟的连接。盘扣是中国服饰独特的装饰工艺，以精巧而意味深长的装饰风格著称于世。它在我国传统服装中的应用非常广泛，旗袍、中式上衣、马褂以及许多少数民族服装中都有其装饰。盘扣的种类很多，总体上分为对称和不对称两种。盘扣的装饰性主要在盘花的花型上，装饰花型也是时装画中表现盘扣的重点。常见的有琵琶盘扣、如意盘扣、桃子盘扣、石榴盘扣、叶形盘扣、兰花形盘扣等。形形色色的手工盘扣精巧细致，有着极高的审美价值。

盘扣的制作方法有两种：一是用手工缲祥条，然后盘结成钮扣；另一种是用缝纫机车缝祥条，然后进行盘结。做祥条时要将面料进行45°裁剪，条带宽窄的均匀性很重要，缝制完毕时要保证祥条粗细一致，因此在绘制时要用双线来表现盘花的布条。在表达盘扣整体造型的同时，盘花的图形也需描绘清晰。为了在效果图中突出立体感，可在条带的交叠处和盘扣侧面略微增加些阴影。此外，盘扣均为左右各一组成一对，在保持基本型一致的情况下，随着服装的透视变化，盘扣的造型也应进行一定变化（图5-23、图5-24）。

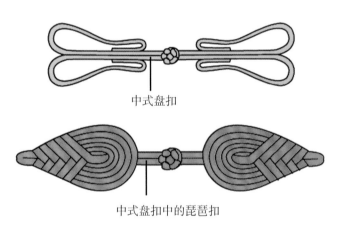

中式盘扣

中式盘扣中的琵琶扣

图 5-23　盘扣

第三节 ◉
服装局部造型

在服装造型中，我们主要介绍局部造型的表现方法，包括服装的衣领、衣袖、门襟、口袋、下摆、帽子和腰束等。在表现服装的局部造型时，应注意因动态产生的透视关系和立体感。下面将分类阐述各部位的造型与表现方式。

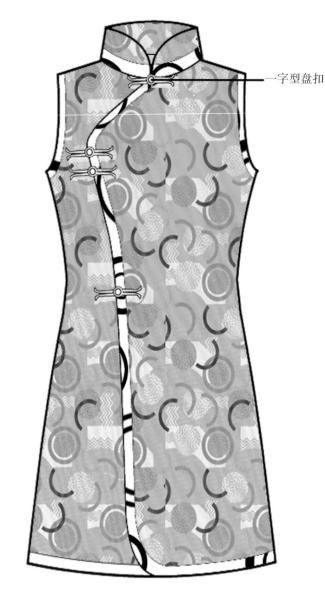

一字型盘扣

图 5-24　盘扣在服装上的运用

一、衣领的表现

衣领在服装中所占的面积不大，却是服装的提携部分，是决定款式面貌的重要因素之一。领子的造型千变万化，但万变不离其宗，它有着基本的结构规律。

在绘制表现衣领的效果图时，要尽量精确表现各种领子的造型、材质、大小、软硬、厚薄以及装饰细节。这些都是我们刻画描绘的重点。此外还需注意的是：首先，领子依附于颈部，领圈线的产生是以人体颈肩结构为依据的，因此在绘图时必须注意领圈线是否符合颈部的圆柱状结构以及是否适应于颈部的特点，应把衣领表现得自然舒适且与颈部服帖。其次，要注意因人物动态与侧向不同而产生的领子形状的变化。若是对称式，在表现正面时应左右对称，表现半侧面时一般采用 4：6 的比例关系；若是不对称式，在表现正面时要注意区别于半侧面的表现形式。

1. 无领

无领亦叫作领线，它没有领面和领座。常见的造型有方领、V 字领、深 U 领、圆领、一字领等，这些领口均可通过高低变化再产生出新的造型。绘制无领时领圈线条应符合人体颈部的圆柱状结构，特别是前后领圈的线条能够贯通。同时注意领口大小、领口造型的对称性和透视变化等，此外还应注意由于面料的厚薄不同，领圈与人体颈肩部的贴合度以及由此产生的阴影大小也会有所差异（图 5-25、图 5-26）。

T 恤上的无领设计

图 5-25　无领 T 恤

女背心上的无领设计

图 5-26　无领女式背心

2. 立领

立领只有领座而没有领面，在中式服装与针织服装中较为常见。在画立领时同样需注意领圈线与颈窝相吻合，以及领高与脖长的比例应准确；此外，领座与脖子之间应留有适当的空隙，不能太紧或太松，否则都会在视觉上产生不舒服的感觉；同时，服装领围线与装领线也应符合透视曲率的关系，立领上如有细节设计，如滚边、明缉线、绣花等也应仔细描绘（图 5-27）。

3. 翻领

基本翻领造型包括领圈和领面，有些还有领座。普通男式衬衫领就是典型的翻领。绘制时要考虑领圈大小、形状、领座的高低和领面的宽窄；领型要左右对称，有领座的话，领座高度应一致；若服装面料比较厚，前领圈转到后领圈时的翻折线可以稍带弧形；另外，领口翻折后的缝纫线迹有时也可画出，线迹应随着服装结构排列得细密、整齐（图 5-28）。

4. 翻驳领

翻驳领是驳头与前领相连，并在脖颈下左右敞开的领型。翻驳领的驳头可宽可窄，形状多种多样，绘制时一定要交代清楚领座、领宽、驳头、前领与翻折线的关系和领子造型。一般的翻折领面略高于衣身肩线，而衣身肩线又高于自然肩线。敞领的绘制过程中，除了应画准领面对称的轮廓线外，还应仔细刻画叠门位置（是左前衣片压右前衣片，还是反之），叠门中心线应对准颈窝点；此外，还要注意面料厚度的表现和领子与脖子的贴合关系（图 5-29）。

5. 花式领

花式领包括围巾领、蝴蝶结领、荡领等。由于花式领的视觉重点落在领的花式造型上，因此在绘制花式领时一定要把整体造型交代清楚，还应注意细部结构和立体效果的表现；领子造型在衣物或人体上形成的阴影也要仔细推敲，以增加领部造型的立体效果。另外，花式领面料的质地也是描绘时不能忽视的一个方面，若领子的面料较柔软，线条应尽量圆顺；若领子的面料较硬，线条也应硬挺一些。领子面料的花型图案最好能进行适当的表现，以增

短夹克上的立领设计

女连身裙上的立领设计

夹克立领的绘制

图 5-27　夹克立领、女连身裙上的立领

翻领男式 Polo 衫

翻领女式外套

翻领夹克背心

图 5-28 翻领服装造型

女式西装上的翻驳领

女式休闲外套翻驳领

图 5-29　翻驳领小西装、休闲女式外套

假两件的花式领设计

带环结设计的花式领绘制

图 5-30　花式领长袖女式 T 恤

强衣领的整体效果。总体上说，花式领运用的线条应
简洁流畅，疏密有致（图5-30）。

二、衣袖的表现

衣袖是服装局部造型中的重要组成部分，它的造型多样，其变化点主要在袖山、袖窿和袖口上。袖山随着水平位置的高低不同，会产生或平坦或隆起的立体效果。袖窿有尺寸大小和造型方圆之分。袖口的样式比较丰富，可分为喇叭口、花边口和搭袢口等多种样式。由于袖山、袖窿和袖口的造型密切相关，因此不同的袖型会因设计结构不同而形成袖型与袖窿、袖型与上肢、袖型与躯干的不同关系，在绘制袖子的整体造型时，应将它们进行整体考虑。

按装袖线的位置不同，通常将袖子分为装袖、插肩袖和沉肩袖三大类，下文将分别对这三类袖型的绘制技巧进行说明。

总体来看，画衣袖时先要把握好袖窿和袖口的大小，这样才能确定袖子的整体造型，并且在袖窿、肘关节等位置描绘出适当的褶皱，以突出衣袖的立体感和袖内手臂的存在。此外，在表现衣袖时还应将袖窿的来龙去脉交代清楚，并准确地表现出它和胸廓之间的立体关系。

1. 装袖

装袖是肩线位于肩头部位的袖型，也是最常见的袖子样式。绘制装袖时要特别注意肩部和袖子的衔接位置，确定好袖窿弧线与肩线的相交点；肩线和袖子的用线应该圆顺、流畅；若肩部使用了肩垫，则应表现出袖肩处的肩垫厚度；应根据款式要求画出袖窿的深度，一般来说合体的服装袖窿较浅，而宽松的服装（如夹克衫）则袖窿较深；袖长和袖口在手臂上的位置应合理；袖子上的一些工艺细节，如褶裥、分割、缝缀、线迹也需要表现清楚（图5-31）。

体闲夹克上的装袖

泡泡袖装袖的绘制

图5-31 装袖休闲夹克

2. 插肩袖

插肩袖是袖片与肩相连的袖型，一般在休闲服、运动服和针织衫中较为常见。绘制这类袖型时关键要将肩与袖的关系交代清楚，袖子里面的人体肩部结构要清晰；插肩袖的袖窿深度和袖子插入领圈线的位置直接决定了袖子与衣片分割线的走向，因此要画准确。另外，分割线应尽量画得圆顺，如果镶嵌了滚条，或者有明显的明缉线，也要把细节画出来；袖子面料的软硬应在绘制时通过线条表现出来（图 5-32）。

夹克外套上插肩袖的绘制

图 5-32　插肩袖款式的夹克外套

3. 沉肩袖

沉肩袖是肩线位置落于肩头以下的袖型，多见于休闲服。由于人体和服装的肩头部位不相重合，因此在绘制沉肩袖时应特别注意明确区分两者的位置，在画出人体肩头位置的基础上，确定肩线下垂的距离，绘制完毕的沉肩袖肩线比正常服装要明显偏长；肩线与衣身的连接要结构合理，线条应自然、圆顺；沉肩袖在肩部和腋部会形成一些褶皱，在画这部分衣纹时要注意线条的条理性和疏密性（如图5-33）。

沉肩袖的绘制

变形沉肩袖的绘制

图5-33　男装沉肩袖、女装沉肩袖变形款式

三、衣袋的表现

衣袋在现代服装设计及实际应用中，不仅是构成服装整体的主要附件，也是服装装饰美的重要组成部分。衣袋的功能现已超越了放置小件物品及护手保暖的实用价值，成为丰富和美化服装款式的手段之一。

衣袋的造型变化万千，归纳起来可分为三大类：贴袋、插袋、盖袋。这三类衣袋既可以单独使用，也可以相互组合。

衣袋在画面表现时，应注重描绘出其主要造型特征，注意其在整个服装上所处的位置和大小比例，做到位置得宜、大小相称。若是对称排列，绘画时要注意对称性的透视关系；若为不对称排列，则更须避免错觉的产生。下面分别对三种衣袋的绘制技巧进行说明。

1. 贴袋

贴袋又称明袋，它通常是选用与服装相同的面料，裁剪出所需的衣袋形状，然后贴在服装裁片的外表上缝合而成。贴袋类造型很多，一般可分为无袋盖、有袋盖和外翻袋盖三种。常见的基本造型有方形、半圆形、长方形以及其他装饰形状。贴袋常见的工艺装饰手法有缉细裥、滚边、镶色、刺绣、嵌线、收折裥、缉明线和缝针迹等，还可以配以各种类型的花边、钮扣、拉链等辅料使用。

贴袋在服装画中常以面的形式出现，没有立体感，因此在绘制贴袋时无须对其进行过多的明暗处理，只需勾勒其外形轮廓，并仔细画出口袋上的装饰与工艺细节，如滚边、结构分割等装饰工艺。另外，应注意衣袋在服装中的位置以及与服装整体的比例关系（图5-34）。

童装上的贴袋

体闲背心上
的袋盖贴装

图 5-34　童装贴袋、休闲背心贴袋

2. 插袋

插袋亦称暗插袋，是指夹在衣片的缝合线内的衣袋，中式服装一般都采用插袋的形式。插袋分为斜插袋、直插袋、横插袋等，它的变化形式除了袋口的位置外，袋口的造型也是其中之一。插袋的袋口可露可不露，如果为明袋口，可采用镶边嵌线、加袋口条、缝袋盖等装饰形式，同时配以钮扣、拉链、搭袢等辅料，就能产生出丰富的插袋造型。

画插袋时需明确插袋的垂直及水平位置，开口大小要符合人体手掌插入的尺寸要求；特别是开口处的设计造型，应注意工艺细节（如线迹、拉链、绣花等）的描绘；插袋开口处内侧可通过略施明暗来进行强调（图 5-35）。

3. 盖袋

盖袋，即有盖子的衣袋，其衣袋可以为贴袋或插袋。盖袋的样式变化主要在于袋盖的不同造型，袋盖造型一般分为长方形、斜方形、斜三角形、半圆形等。

描绘盖袋时要注意袋盖与袋口、袋身（如果是贴袋的情况）的比例关系及整体造型效果，袋盖的大小要能足够覆盖袋口；如果袋盖的厚度较为明显，可运用光影来增强其立体感和层次感；袋盖上的绲线等工艺细节也是绘制的要点，应注意线迹的工整；如果盖袋上有贴花或绣花等装饰纹样，须进行重点描绘（图 5-36）。

带拉链的插袋设计

夹克衫上的插袋设计

图 5-35　夹克对称插袋和斜插袋

夹克上的
斜盖袋

夹克背心
上的盖袋
设计

军装风格的对称胸盖袋

军装风格的对称盖袋

图5-36　夹克背心对称盖袋、夹克斜盖袋、军装风格的对称盖袋

四、门襟的表现

门襟部位是服装穿着的入口，处在人们视觉中心的主要位置，它不仅有着实用功能，同时也起着重要的装饰作用。门襟的原型是服装正面一条左右对称或不对称的垂直开线，它的造型变化主要有三类：一是门襟位置的变化；二是门襟形状的变化；三是局部造型的变化。

在画面表现时，应交代清楚门襟的造型特点以及在透视变化后门襟的所处位置。需要特别注意避免在绘制效果图时因一些人体姿态带来的透视变化而产生错觉，从而影响服装整体效果。对于女装上的门襟，在描绘时还需注意胸部的立体感表现。

1. 门襟位置

门襟的位置造型，主要是指门襟的对称式和不对称式，或横开和竖开的形式。对称式普遍应用于日常

穿着的各类服装，其特点是稳重、严谨，正式的制服、礼服绝大多数采用这种门襟样式；而不对称式给人以新鲜、强烈、生动而有活力的感觉，多用于时装、表演服和运动服中。

在绘制对称式门襟时，应先确定门襟线的居中位置，并符合透视变化的规律；而不对称式的门襟更应在透视中找准它在服装上的竖开位置。另外，门襟与领口的结构也要衔接好，通常来说对称的门襟对应对称的衣领，不对称的门襟对应不对称的衣领。如果门襟上有钮扣、拉链、线迹等细节的话也都需要交代清楚（图5-37）。

2. 门襟形状

门襟形状造型主要有开直线和开曲线两种。直线造型简洁庄重，曲线造型活泼而富装饰感。总体来说直线造型比曲线造型的应用更为广泛普及，这也和服装工艺制作的难易程度有关系。

休闲夹克上的不对称门襟

对称式拉链门襟

图 5-37　夹克不对称式门襟和对称式门襟

另外，直中求曲的造型法也较受人们欢迎，在各类服装中均有运用。

　　在画门襟形状时要把握好不同门襟形状的轮廓造型，并根据透视角度稍作变化。需要注意的是门襟左右衣片并列或叠合情况，如果属于叠合的情况，应准确画出相叠的顺序，并可用加深线条或明暗的方法来突出层次感（图 5-38）。

　　3. 门襟局部

　　门襟局部造型中，各种钮扣、拉链等配饰起着相当重要的装饰作用。通常来说，不对称式门襟的钮扣排列一般不宜过于复杂；对称门襟的钮扣排列造型变化可多一些，以起到相互弥补的作用。拉链的装饰造型较少，一般分覆盖式和不覆盖式。有时也可采用拉链和钮扣相互拼用的形式，或使用系带造型或尼龙搭袢等材料。另外，还可沿着门襟边缘进行装饰，如用蕾丝花边或布边制作成规律的折褶拼接到门襟的边缘处进行装饰，或利用或粗或细的松紧带起到褶皱性的装饰效果。

　　在表现门襟局部造型时应尽量把钮扣、拉链、荷叶边等元素的样式画清楚（如拉链头在效果图中作为装饰元素之一就不能忽略）。另外，局部造型的尺寸大小、相互的间隔距离也应客观地反映出来。如需突出和强调，可以添加一些阴影效果（图 5-39、图 5-40）。

古典、柔美的开曲线型门襟

简洁的开直线型门襟

图 5-38　开曲线型与开直线型门襟

五、腰头的表现

腰头在服装中占有重要的地位，是设计师设计的重点之一。按腰部的划分位置可分为高腰节、中腰节、低腰节；按工艺的不同，可将服装腰部分为装腰头、连腰头、松紧腰带、抽带腰带等。

在绘制腰头时，首先，注意要表现出不同腰节位

置和制作工艺的特点；其次，人体的腰部呈现扁圆柱体的形状，腰头需贴合于腰部，绘图时注意腰头造型应符合腰部形状，呈现出一定的曲线；再次，腰头制作一般均采用双层面料，相对来说有一定的厚度，画的时候要比人体自然腰部略宽出一些。

1. 装腰头

装腰头是腰头与衣片分离缝合的款式造型。在绘

图时，先确定好腰线位置，根据不同的设计要求（如高腰或低腰）在相应的腰线位置画出腰头的结构以及它的宽窄尺寸，应注意避免腰头尺寸与整体衣身比例失调。同时，腰头与裤子门襟处连接的结构也需交代清楚（有无使用钮扣和拉链）。此外，切勿忽视腰头与衣身的缝合方式、腰头部位的细节，如腰袢、抽带等（图 5-41）。

2. 连腰头

连腰头是腰头与衣片连为一体的款式，其造型较为简单。画连腰头时，同样要先确定腰线位置，然后往下直接画衣片，应注意腰与衣片的结构衔接自然，线条流畅。使用连腰头的下装，在腰头部位通常有省道，并且门襟部位只能使用拉链，因此对于省道和拉链的造型、制作工艺等方面，有条件的话应进行客观的描绘（图 5-42）。

图 5-39　小西装圆弧门襟

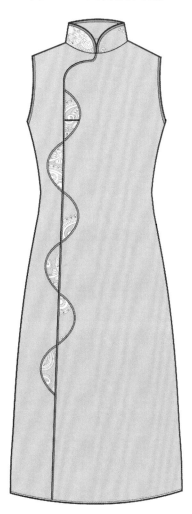

图 5-40　旗袍滚边装饰的编门襟

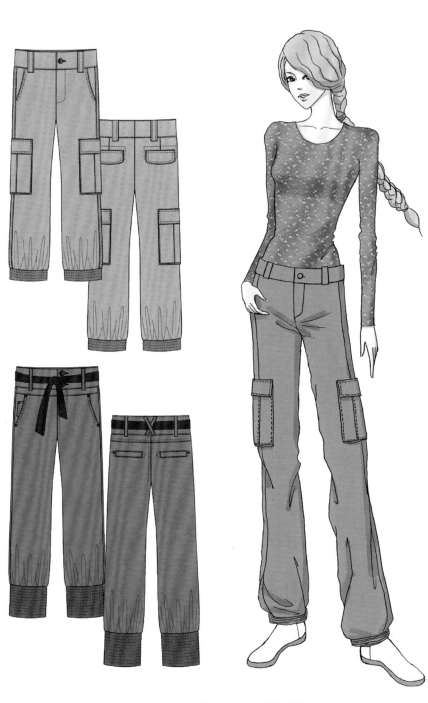

图 5-41　工装裤装腰头

带分割的连腰设计

前开拉链的连腰设计

图 5-42　带分割连腰裙、前开拉链的连腰裙

3. 松紧腰头

松紧腰带是在装腰头的基础上，在腰头内添加松紧带的款式，一般在童装和休闲类服装中应用较多，穿脱方便，随意轻松。在画腰头造型时，腰头上沿和下沿的用线可以有些起伏，注意要将裤腰头及其附件面料皱缩的效果表现出来。面料厚薄不同，腰部的褶皱长度也各不相同，通常来说，轻薄的面料上产生的褶皱会比厚重的面料上的长一些（图 5-43）。

4. 抽带腰头

抽带腰带的造型是在腰头内穿插暗绳带，在前部中央开口处穿出并打结，它在一般休闲运动类服装中比较常见。此类腰头的绘制技巧基本与松紧腰带相似，注意面料的褶皱效果和细致的阴影效果。对于裸露的绳带和绳结要使用双线来表现，其造型、尺寸、质感、打结方式以及垂落在衣物上形成的阴影等细节都要画清楚（图 5-44）。

男休闲短裤上的松紧腰头

女短裙上的松紧腰头

图 5-43　装松紧腰头的男式短裤、装松紧腰头的女式短裙

体闲款运动裤上
的抽带腰头

收脚裤上的抽带腰头设计

图 5-44　有抽带腰头的休闲运动裤、有抽带腰头的收脚休闲裤

第四节 ◉
立体裁剪造型

立体裁剪是区别于服装平面制图的一种裁剪方法，是完成服装款式造型的重要手段之一。服装立体裁剪在法国被称为"抄近裁剪"（Cauge），在美国和英国被称为"覆盖裁剪"（Draping），在日本则被称为"立体裁断"。立体裁剪是一种直接将布料覆盖在人台或模特上，通过分割、折叠、抽缩、拉展等技术手法，一边裁剪一边造型，制成预先构思好的服装造型，再从人台或模特上取下布样在平台上进行修正，并转换成服装纸样再制成服装的技术手段。

与平面裁剪比较起来，立体裁剪以基于人体的理想比例的人台或模特为操作对象，能满足服装较高的适体性要求；立体裁剪的整个过程是二次设计、结构设计以及裁剪的集合，其操作过程本身就是一个体验美感的过程，因此更有助于设计的完善；立体裁剪是直接对布料进行的操作方式，所以对面料性能有更强的感受，在造型表达上更加多样。正由于这些特点，立体裁剪在礼服设计与制作中有着得天独厚的优势，并且在一些高品质的商业成衣中也有举足轻重的作用。下面对立体裁剪中一些主要的工艺造型和绘图手法进行说明。

一、抽缩

抽缩是一种较为常见的立裁工艺，它是通过一些方法（如抽松紧带、抽带或缉线等）将面料集中在服装上的某个部位，目的是为了能够获得更加优美、雅致的褶纹。

抽缩工艺的表现重点在于褶裥的绘制，通常服装上的褶裥都呈现放射状，从一个方向向另一方向由密至疏地排列。画褶裥时面料质地越轻薄，褶裥越长，反之褶裥则越短，注意用笔要自然顺畅，并可以通过适度的阴影来强化面料因抽缩而产生的立体效果（图5-45—图5-47）。

二、编织

编织是指在立体裁剪中将面料裁成一定的形状，并按设计要求对其进行经纬穿插或系结编织的立裁工艺，它能赋予服装一种独特的肌理效果，具有较强的视觉冲击力。

在画面表现中，首先要把编织的对象交代清楚，

是面料裁成的条、带，还是其他形式的材料；其次是编结的方式；最后是它们编结所形成的结构细节，如两条面料进行经纬穿插后会形成一定的层次，这种层次需要通过施加适度的阴影来强调。只有上述三方面都得到重视，编织工艺才能较好地得到描绘。此外，为了能真实地表现编织工艺，还应结合人体结构与透视原理，对编织的造型进行适度调整（图5-48）。

三、绣缀

绣缀是指通过在面料上缝缀亮片、珠饰、花边、丝带或缉明线、刺绣、拼接、嵌花等方式添加装饰的立裁工艺，它多运用于高级时装与晚礼服中，以丰富服装的装饰效果（图5-49、图5-50）。

表现绣缀工艺时主要考虑将不同的装饰手法尽可能地画清楚，它们在服装中的大小、形状、数量、位置、厚度，以及不同绣缀物件之间的大小比例、不同质感的对比等方面都需要仔细描绘，绣缀的物件本身所具有的光泽以及在光滑的礼服面料上形成的光影效果也要细心表现。主要的表现手法请参照本章"服装装饰工艺"的相关内容。

四、折叠

折叠，即将整块或裁剪成某一形状的面料按顺序进行若干次翻卷折叠，使原本单一的面料产生一定层次和立体感的立裁工艺。因设计要求不一，折叠形式也较为多样，外观呈现出诸多效果。

画折叠效果首先要把握折叠部位的造型、尺寸和立体感。为了突出层次感与立体感，上色时可在翻卷部分下端添加阴影，并将翻卷时所露出的面料背面颜色画深一些，同时还需注意翻卷处的弧线。如果运用了多次折叠，那么每段折叠部分的造型、尺寸是否有规律可循要在画面上如实地表现；若具有一致性，需根据透视原理稍作变形。面料质地决定了它折叠后的外观效果，一般来说，质地硬挺的面料折叠后都比柔软的面料折叠后立体感更强些（图5-51—图5-53）。

五、缠绕

缠绕，顾名思义是指将整块面料根据设计要求，在人体上进行缠绕包裹，从而产生深浅不一、造型各异的各种褶裥效果的立裁工艺。

从理论上来说，服装上出现的任何一个褶裥都来

图 5-45　女夏裙腰节上的横向抽缩（作者：张茵）

图5-46　女式夏裙前襟及袖子的木耳型抽缩
（图片来源：中国服装时尚网）

图5-47　礼服裙摆的波形抽缩
（图片来源：中国服装时尚网）

图 5-48　斜条型编织（作者：张茵）

图 5-49　Kenzo 女装上的碎花珠粒绣缀
（图片来源：中华绣花网）

女外套上的绣缀运用　　　　　礼服上的珠饰运用

图 5-50　绣缀、珠饰设计运用

图 5-51　上衣下摆与下裙的折叠
（图片来源：中国服装时尚网）

图 5-52　腰部纸型折叠
（图片来源：中国服装时尚网）

自于与其相关联的工艺、结构或材料。因此，在动笔之前，先要清楚服装上每个部分的褶裥所对应的工艺、结构。缠绕效果的表现，重点在于使这些褶裥和内在的工艺、结构等要素符合客观规律。与抽缩工艺的表现相似，面对看似杂乱的褶裥时，应该对其进行分类归纳，使它们乱中有序，并且呈现出各自的趋势走向。用笔应自然轻松，切忌生硬教条。此外，褶裥的明暗效果也是表现缠绕工艺必不可少的方面（图 5-54）。

图 5-53　高级时装的多层斜型折叠（作者：张茵）

图 5-54　胸腰部的装饰缠绕（作者：张茵）

六、堆积

　　堆积是指将布料向不同的方向集中，使其形成造型不一、大小各异的立体褶皱，并将其在背面缝缀固定的立裁工艺。堆积而成的褶裥既富变化又具美感，在礼服中使用得较多。

　　在表现堆积效果时，由于褶裥造型多样，逐一把它们画出不太现实，因此用抽象的画面处理技巧来表现堆积的效果更为合适。实际操作时，需要在把握好服装整体廓型的基础上，运用明暗对比，把褶裥的立体感烘托出来，同时还应注意避免褶裥造型的单一、雷同。另外，根据不同厚薄的面料质地，褶裥所运用的线条也有圆润和硬挺之分（图5-55—图5-57）。

图 5-55　礼服裙部的装饰堆积
（图片来源：中国服装时尚网）

图 5-56　Dior 高级晚礼服裙部的对称堆积
（图片来源：中国服装网）

图 5-57　礼服肩部的不规则堆积（作者：张茵）

第六章

服装设计图的工艺实现

服装设计图传达的是设计师的意图，它包含了服装的款式、裁剪与缝制的主要结构以及服饰配件搭配的整体效果等内容，是由设计构思变成成衣的一个重要环节。由于服装设计图最终是为生产和销售服务的，因此，它还应表现出诸如衣领的大小、衣袖的造型以及面料的质感、图案和色彩等各种特征。由于篇幅的限制，本章从以下三个方面进行论述。

第一节 ◉
服装设计图的表现

一、服装效果图

服装效果图又称服装画、时装画，它是服装设计师表达设计构思和服装整体风格特征的最重要的手段之一，是以表现服装的造型特征、款式、结构、色彩配搭以及服装穿在人身上的美感效果为对象的一种绘画形式，它也是一项服装设计师必须具备的基本技能。

它的表现方法较为多样，在明确表现设计意图的前提下，或写实、或夸张、或装饰，画面风格可根据设计师的习惯和设计需要而定，往往带有设计师强烈的个人风格和艺术性。不过无论风格如何变化，它都需要将设计理念通过画面中的服装与人物传递出来。有时服装效果图还配有背面结构图、面料小样和必要的文字说明等。可以说，服装效果图是服装设计师与技术师沟通的桥梁，也是样衣制作的最佳效果的参考依据。好的效果图能大大缩短样衣制作修改过程中的宝贵时间，对降低制作更改的成本有很大作用。

服装效果图的表现既要求设计师有一定的绘画能力、结构制作工艺和面辅料的基本知识，以及较强的创造性思维和对时尚的敏感性，还需要对人体的比例和形态、着装的基本动态姿势等方面有全面的认识和把握（图6-1—图6-5）。

二、服装款式图

服装款式图是直接为服装成衣生产和制作服务的"图解说明书"。它是服装设计中的一个重要环节，是在企业进行成衣生产制作时使用的，并作为样板师制作样板的标准和生产的科学依据而存在，因此明显区别于服装效果图的艺术性。

服装款式图中的服装基本采用正视图、背视图的形式，通常省略人体，画面不必过多地渲染艺术表现气氛，并做到尽可能写实而严谨，强调准确性和工整性，各部位的比例要精确，符合服装的实际尺寸规格，要求一丝不苟地将服装的款式特征用线描的形式表现出来，具体细节如外廓型、结构线、省道线、裁剪线、衣领造型、制作工艺特点、线迹、选用面辅料等内容一概不省略，而服装中一些不必要的自然褶皱则可忽略不画。对于特殊的工艺造型部位要有局部放大图予以注解，对面料及辅料的要求需进行说明，或者直接附加实际布料小样和色卡进行标示。

服装款式图均用没有粗细变化的黑色单线来勾勒。所绘的款式要求为平展状态，线条要流畅、整洁。需要注意的是服装外轮廓线、主要结构分割的用线都要比其他线略粗。画面一般不上色，但为了更清楚地说明款式特点，需要填上色彩，添加衣服内的褶皱或画出图案和面料质地等（图6-6、图6-7）。

图 6-1 休闲装效果图（作者：王晓林）

图 6-2 裙装效果图（学生作业）

图 6-3　儿童装效果图（作者：王欣）

图 6-4　城市新潮装效果图（1）（作者：黄菲）

图 6-5　城市新潮装效果图（2）（学生作品）

图 6-6(1)　服装款式图（作者：徐晓婷）

图 6-6(2)　服装款式图（作者：徐晓婷）

图 6-6(3)　服装款式图（作者：徐晓婷）

1. 胸前装饰扣选用平板扣
2. 下摆局部印花

V34

17-1605

图 6-7(1)　服装款式图

底纹转移印花

OCEAN AND FOREST
EXCELLENT COLLECTION

植绒

转移印花

1. 开襟领口，配合平板撳钮使用
2. 肩部装饰有撞色镶边
3. 胸口图案使用转移印花及植绒处理
4. 袖口、下摆走双线

图 6-7(2)　服装款式图

三、服装结构图

服装结构图是指通过对服装结构进行分析和计算，在纸张或面料上所绘制出的服装结构线和裁剪线，其实质是把三维的服装分解转换成为二维的衣片结构，完成服装立体结构与平面结构的转换。服装结构图的绘制是一门艺术与技术相融合、理论与实践并重的实用科学，其内容涉及人体解剖学、人体测量学、服装卫生学、服装造型设计学、服装生产工艺学、美学等多个领域。

服装结构图不仅要能够充分体现款式设计的艺术构思，还要根据结构设计的要求，对效果图中不可分解的部分进行修正，同时又要考虑工艺制作，提供合理的、优化的系列样板。因此，服装结构图在服装设计图的工艺实现中起着承上启下的关键作用。

在服装结构的绘制过程中，要求图中线条垂直相交的必须呈90°，曲直相交的要吻合、顺畅，曲曲相交的则要圆顺；各结构部位的尺寸标准要准确、清晰、和谐、统一；经、纬、斜、条、格、光方向要标明确、清楚；图样和成衣实物的缩比（图样比例）要标明；制图的术语、符号要统一、标准；最后，整个图样、图纸需正确、规范、清晰、干净、美观（图6-8、图6-9）。

四、成衣图

成衣图是从服装设计构思到最终实现成衣的最后一步，一般以实物照片的形式出现，可作静态展示也可进行真人动态展示。

企业在批量生产之前都会先制作样衣，由模特试穿，用以核对服装最终穿着效果、色彩搭配效果、号型合体效果等，经过反复比照修改，最后定款制作批量成衣。这一类的成衣图用于存档，在出现设计、结构或面料等方面问题时，它能提供依据供设计师及时进行修改。此外，成衣图也可以用于品牌广告宣传的大型海报、新一季产品推广的宣传册、品牌网站新一季的样宣及提供给订货商订货使用。这一类的成衣图在拍摄时注重整体画面的艺术效果、体现服装设计风格理念、迎合定位人群的心理喜好等方面。总而言之，成衣图是对服装设计服用性的检验（图6-10）。

第二节 ◉
系列服装设计图的表现

一、系列女装款式

1. 系列女装效果图范例

女装效果图中模特采用的姿态以最利于体现设计构思和穿着效果的角度和动态为标准，整体造型应柔和、圆润且具有女性美；为了强化系列感，系列服装效果图在绘制时要注意服装色彩的统一性与搭配的协调性，人物的发式、妆容及动态也要统一；针对此系列服装的款式特点，在绘制半透明的纱质面料时，一定要把面料下若隐若现的皮肤色彩表现出来；对于具有光泽感的面料，高光的绘制是必不可少的；服装上的褶皱应当通过阴影的处理来强化其立体感；流苏装饰的悬垂感也应表现得自然［图6-11（1）、图6-11（2）］。

2. 系列女装结构图范例

女装结构图要将系列女装的所有款式部件一一进行绘制。各款服装规格要明确一致；线条使用应严格按照外轮廓线为粗实线、内部结构线为细实线、明缉线为虚线的要求来绘制；衣片的分类、名称、标号及丝缕方向都要标明；内部的结构要清晰合理；尺寸标注要清楚；必要的工艺细节也应进行具体说明，如有需要，面料小样以及色号也应一并提供。服装结构图用于指导制版与生产，所有与最后成衣效果及服用性相关的信息都应清楚标示（图6-12—图6-14）。

3. 系列女装成衣图范例

女装成衣图力求清晰地表现女装的主要特点，通常在良好的光线下进行拍摄，在拍摄时应将服装成衣穿着效果及服装风格完全展示出来。模特的选择应参考服装风格及服装定位人群的特点，如身材应与服装的规格相符等。成衣图大多以正面直立照为主，如有设计需要说明的，也可附背面图。成衣图背景可以选择内景拍摄，通过背景色和光源色以及道具的调节，展示出服装的款式和特点；也可借用外景拍摄，借助自然光线与自然风光增加服装的风格效果（图6-15）。

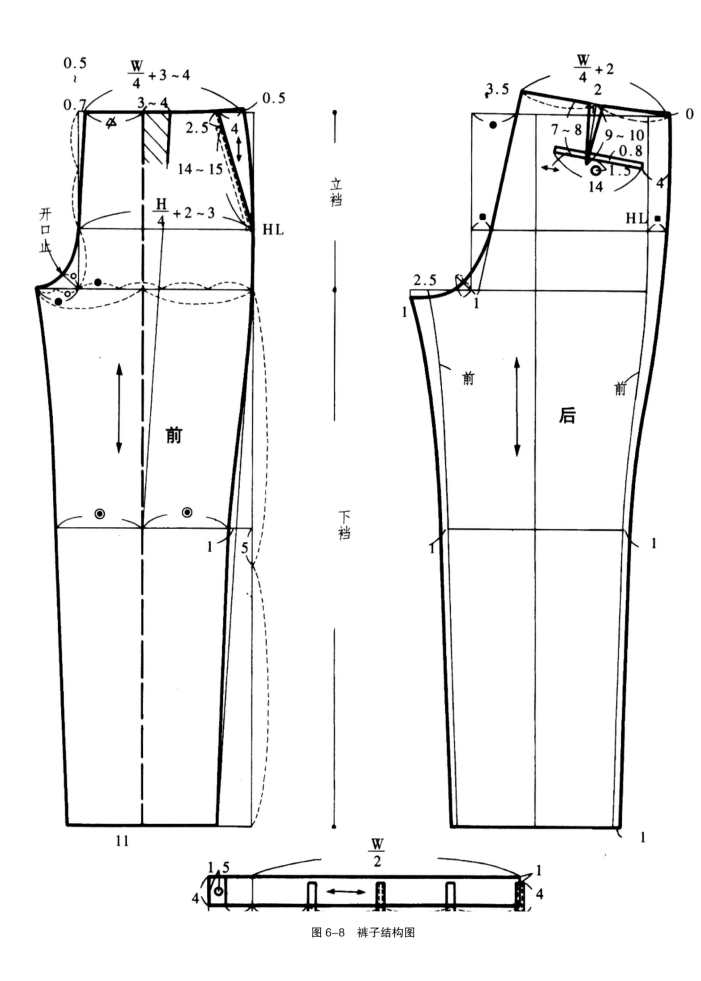

图 6-8　裤子结构图

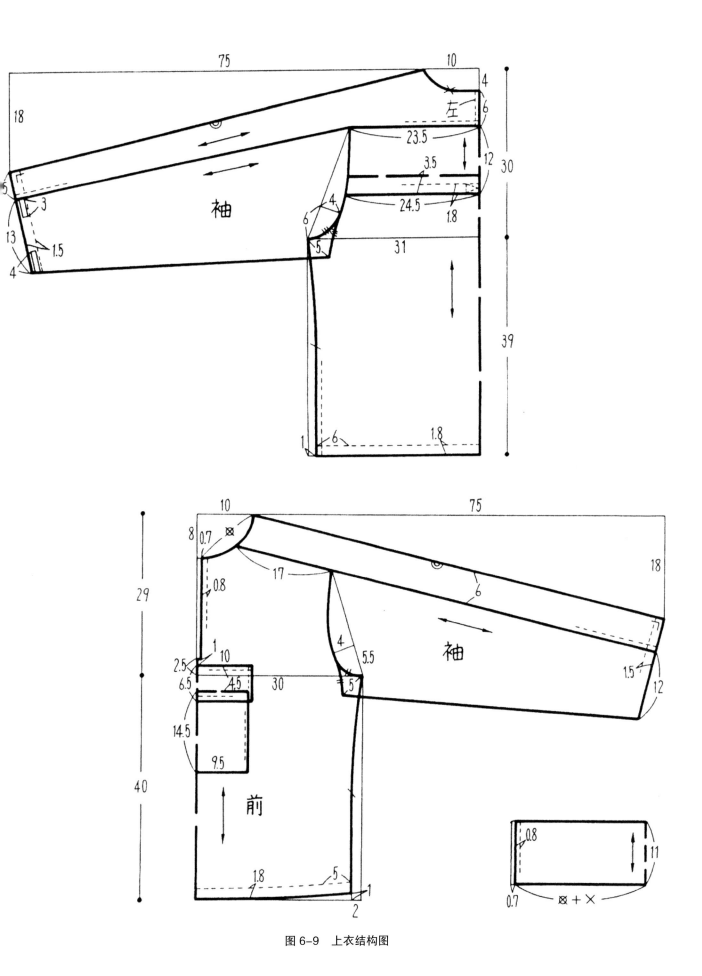

图 6-9　上衣结构图

图 6-10　成衣图（图片来源：中国服装网）

二、系列男装款式

1. 系列男装效果图范例

与女装效果图中注重运用柔美线条不同，男装效果图要注意突出男性的强健体型，线条较硬朗，模特的站姿动态一般不宜过大，以静态或走动姿势表现为主，着重体现男性的沉稳和男性美的魅力。当然也可根据服装特点绘制一些相对活泼的动态，以展示男性的活力与动感。在绘制西服、大衣类正装时，线条应利落、硬挺，褶皱不宜过多；休闲装由于服装宽松，面料柔软舒适，会产生较多的衣纹、褶皱，在绘制时，线条要稍自然柔软些。从总体上讲，男性服装装饰性较少，没有女性服装花哨，在绘制效果图时更注重面料质感、服装结构和工艺细节的表现，如面料有图案时，应注意把握纹理的虚实关系以及光影的穿插

效果（图 6-16）。

2. 系列男装结构图范例

男装休闲服结构图需要将款式的所有大小部件一一绘制，尺寸标注要清楚，款式要明确。图 6-17 男装款的上衣为休闲西装，其结构特点为：前片开腰省，前后片都有拼缝，左胸口做插袋，前衣摆两侧装有贴袋，三粒扣；裤子的结构特点为：后片裤腿内侧、前片裤腿外侧、后侧腰处有拼缝。图 6-18 男装款的上衣为中式休闲装，其结构特点为：插肩袖、翻领，两侧前衣摆处装贴袋，袖口贴边装饰，五粒盘扣。绘制结构图时特别要注意各部位的结构细节和数据，说明均要清楚明了。

3. 系列男装成衣图范例

男装成衣图要求清晰地表现出服装的主要特征，如外轮廓板型、结构、色彩、图案等。图 6-19 左边

图 6-11(1) 系列女装效果图
（作者：郑蓉蓉、赵爽）

图 6-11(2) 系列女装效果图
（作者：孙丽文、吴吉雨）

男装为室内背景下拍摄的作品，服装占了整个画面的绝对主体地位，款式、色彩、面料均呈现得清楚明了，另外通过室内绿色沙发、红色吉他、红色挂钟、背景墙、电视机等道具营造出青年人家中放松、休闲的氛围与空间，男模特灿烂的笑容更增添了服装亲和、轻松、休闲的风格特点，如同一场欢快的小型家庭聚会中一个自然的特写镜头般让人愉快。右边男装成衣图为室外拍摄作品，绿色繁茂的树叶和草地营造出一派自然田园的风光，模特含蓄、英武的表情是对东方风情的诠释，服装和模特同样处于整个画面的主体位置，款式、面料、色彩均清楚地展示出来。

第三节 ◉
计算机在服装设计中的运用

　　计算机服装画是以计算机和相关外围设备为主要工具，利用光笔或鼠标，借助绘图软件进行的服装画创作。它是高新技术与艺术相互渗透、交融的一种产物。无论是为表达服装艺术效果而制的效果图、为配合服装工艺而制的款式图，还是为准确裁制服装衣片而制的结构图，都可以通过 Photoshop、Coreldraw 这两个通用绘图软件来绘制。

单位：cm

规格表	胸围	腰围	臀围	领围	肩宽	衣长	袖长	腰围	臀围	裤脚	裤长
尺寸	95	72	95	39	39	65	58	71.5	97	21	108

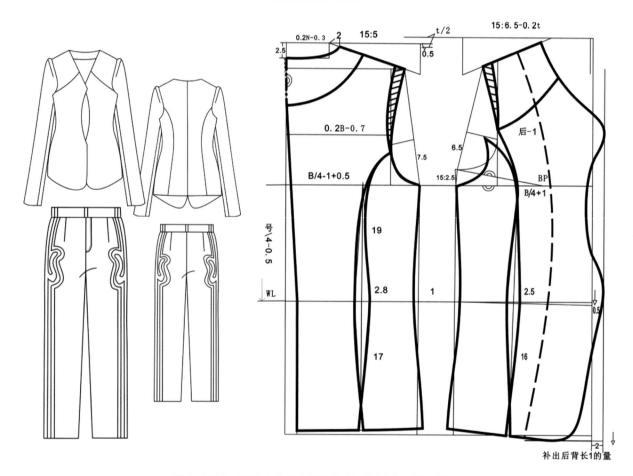

图 6-12(1)　系列女装结构图（作者：孙丽文、吴吉雨）

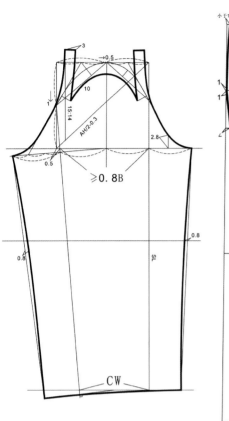

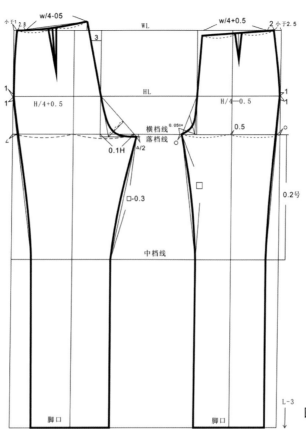

图 6-12(2)　系列女装结构图
（作者：孙丽文、吴吉雨）

单位：cm

规格表	胸围	腰围	臀围	领围	肩宽	衣长
尺寸	92	72	93	38	39	40

单位：cm

规格表	胸围	腰围	臀围	领围	肩宽	衣长
尺寸	88	71	92	38	39	40

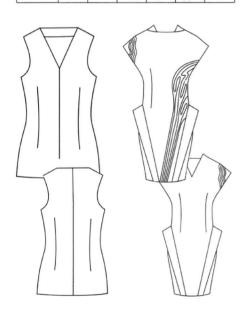

图 6-13(1)　系列女装结构图
（作者：孙丽文、吴吉雨）

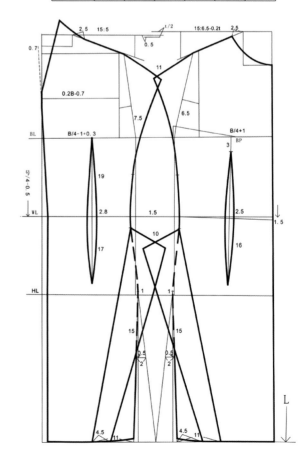

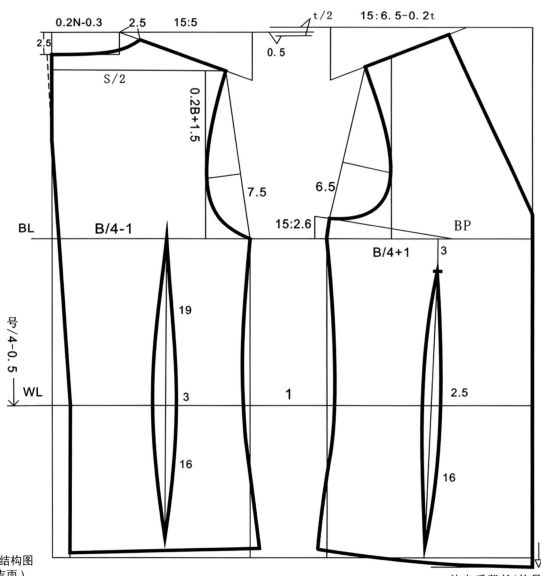

图 6-13(2)　系列女装结构图
（作者：孙丽文、吴吉雨）

补出后背长1的量

单位：cm

规格表	胸围	腰围	臀围	领围	肩宽	衣长
尺寸	88	71.5	93	38	37	90

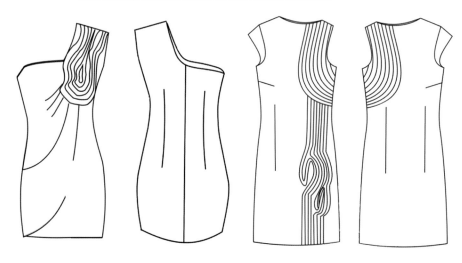

图 6-14(1)　系列女装结构图
（作者：孙丽文、吴吉雨）

单位：cm

规格表	胸围	腰围	臀围	领围	肩宽	衣长
尺寸	90	73	93	38	39	85

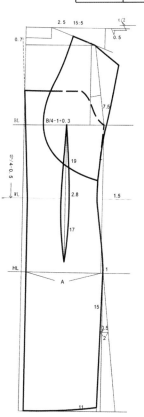

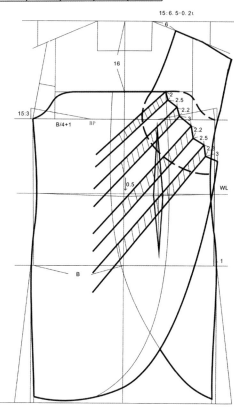

图 6-14(2)　系列女装结构图
（作者：孙丽文、吴吉雨）

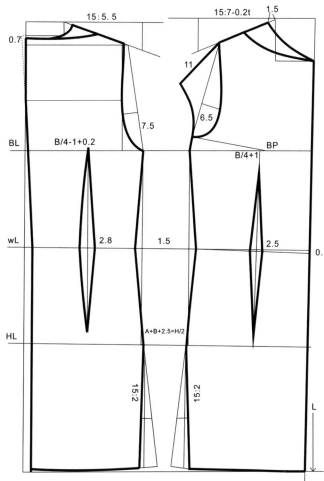

图 6-14(3)　系列女装结构图
（作者：孙丽文、吴吉雨）

图 6-15　系列女装成衣图（作者：孙丽文、吴吉雨）

服装画自出现之日起，就是通过服装设计师手绘创作完成的。服装画的绘制通常会花费设计师较多的时间和精力，某个细节画得不够理想或涂错了色彩就可能前功尽弃。因此，这种传统的表现方法已经越来越不适应于现代社会追求高效的要求。而计算机的出现正好为服装设计师提供了一种新的途径，为他们克服了手绘服装画的诸多弊端，提高并完善了传统手绘的设计速度、精美度以及精确度，为他们节省了更多的时间，以便更高效地用于服装的设计过程中。

当前，全球已经进入了数字化时代，基于计算机美术的艺术表现形式正在成为服装画的主流表现形式，计算机科技在服装产业中的应用必将对现代服装设计观念提出全新的发展要求，这也要求服装设计师必须把自己的艺术实践融入信息化的高科技中去。

计算机在服装设计中的运用主要表现在计算机设计效果图、计算机设计款式图、计算机设计结构图三个方面。

一、计算机服装设计效果图

计算机设计效果图正越来越为人们所重视，随着 Photoshop、Painter 等常用绘图软件功能的不断拓展，它的形式也日益增多，甚至发展成了一类专门的视觉艺术创作形式。优秀的计算机设计效果图比手绘效果图更能反映出服装的风格、魅力与特征，它们充满了生命力，具有很高的艺术水平和实用价值。

借助计算机和专业绘图软件来绘制服装效果图，有绘图速度快，易于修改，可反复修改，能改变色彩、服饰图案、面料花型等特点，不仅能激发服装设计师的创作灵感和想象力，还能使画面具有传统绘画工具无法替代的视觉效果，使形式更加新颖。一些手绘时难度较高的服装材料种类，如蕾丝、皮草等，通过绘图软件都可以轻松得以表现，逼真而直观。此

图 6-16　系列男装效果图

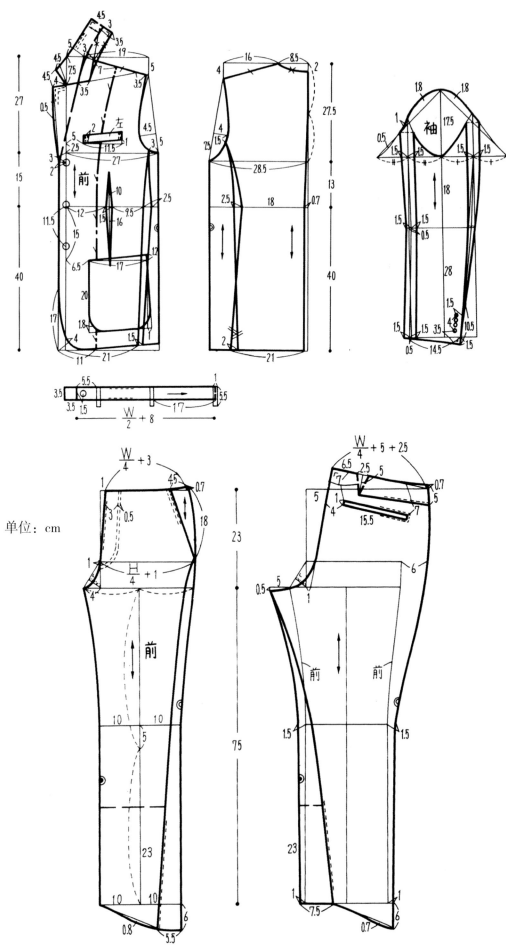

单位：cm

图 6-17　系列男装结构图 (1)

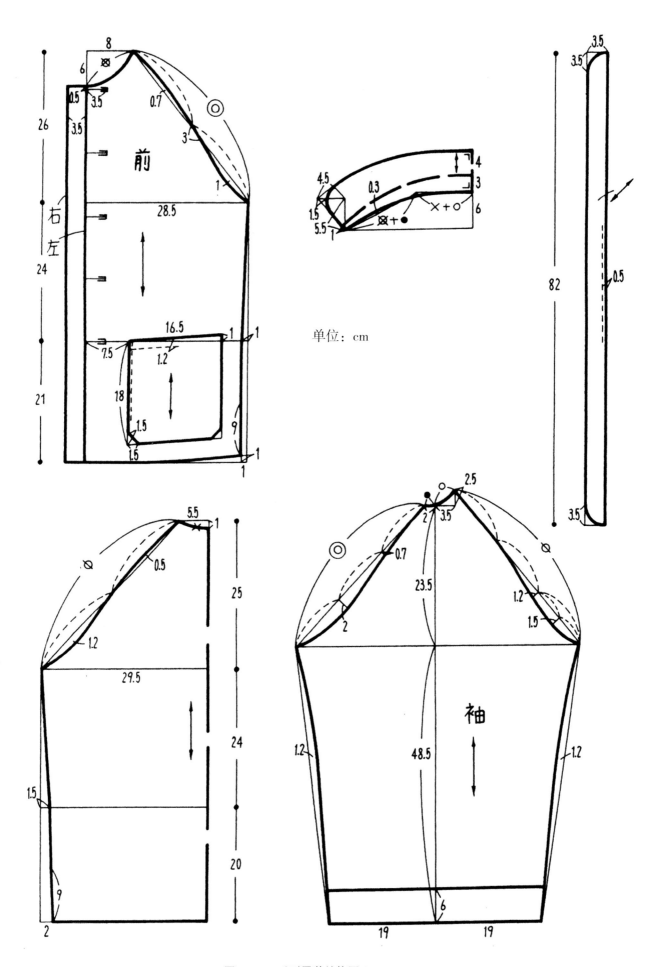

图 6-18　系列男装结构图 (2)

图 6-19　系列男装成衣图（图片来源：《装苑》2000 年 11 月号、2001 年 1 月号）

外，通过计算机设计效果图可随时依据流行趋势进行款式和色彩的重新搭配与组合，大大丰富了设计师的灵感，使设计师拥有更为广阔的设计空间（图 6-20、图 6-21）。

设计师除了可以用鼠标或光笔直接在计算机屏幕上绘图外，还可以将手工绘制好的图案扫描至计算机，再通过计算机对图案作进一步的处理、修饰，使之更加完美。

二、计算机服装设计款式图

计算机服装设计款式图是利用 Coreldraw、Illustrator 等矢量图绘图软件来绘制的服装平面结构图。它包括各部位的详细尺寸、造型和工艺制作形式等内部结构设计内容，绘制时应做到准确工整，精确地体现各部位的比例；要符合服装的尺寸规格，一般

以单色线勾勒外轮廓线、内部结构线及褶皱，用虚线来表示服装中的缝缉线迹；线条要流畅，有利于服装结构的表达；有时也可以画出基本色调，略微添加些服装内部的自然褶皱或画出面料的底纹、质感或图案等（图 6-22）。

三、计算机服装设计结构图

计算机服装设计结构图主要是通过各类计算机服装 CAD 软件，并配合打印机、绘图仪等电脑外围设备进行绘制的服装结构图。当前，很多科研机构都着手研发各种服装 CAD 软件，用于服装的打板制作、推板放码以及放缝排料等工作。随着计算机的普及和软件的发展，服装 CAD 的操作更加简洁、快捷，功能也日臻完善。

计算机设计结构图应严格按照实际比例和数值来

图 6-20　计算机服装设计效果图（1）（作者：王欣）

图 6-21　计算机服装设计效果图（2）（作者：王欣）

1. 罗纹腰节，4cm宽，内抽腰带
2. 口袋边缘1.8cm包边
3. 图案为面料印花
4. 脚口开衩处贴边处理

1. 撞色包边，宽 1.2cm
2. 胸部下沿少量抽碎褶
3. 缝合本色纯棉花边

图 6-22　计算机设计款式图（共 4 幅）

制图，严谨并简洁地表达出服装结构线和裁剪线等内容。通过计算机的使用，不仅能快速复制、修改版型，从而提高工作效率和产品质量，同时由于数字格式的纸样版型便于保存，因此也更有利于资料的搜集及减少资料与数据丢失的风险（图 6-23）。

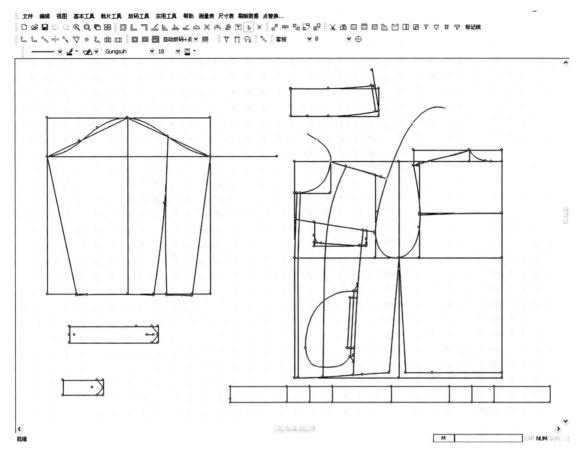

图 6-23（1）　计算机服装设计结构图

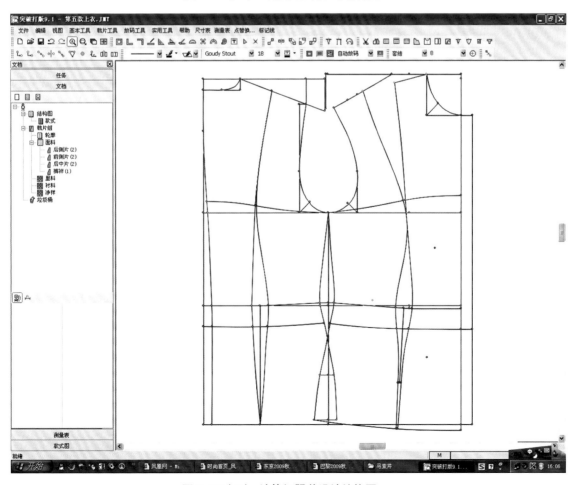

图 6-23（2）　计算机服装设计结构图

第七章

服装画应用案例

● 印花薄纱长裙

薄纱通透，使用水彩有助于表现其透明质感。先在腿部上一层肤色，然后用湿润的桃红色覆盖；用颜色的深浅表现双层和三层重叠的地方。在多层的褶皱处加深暗部。在贴近身体的地方图案要表现清晰，在单层透空的地方适当淡些。

● 迷彩图案连体衫

运用马克笔作画。参照实物图样用针管笔画出迷彩图案线稿，然后用不同的颜色填充。最后用浅灰色给暗部填充来增加服装的体积感。

图 7-1　迷彩图案连体衫

图 7-2　印花薄纱长裙

● **鹿皮紧身裙**

　　由于鹿皮没有亮光的绒面，所以裙子不需要留白，只需用马克笔平涂即可。对于不同的块面可以多涂几层。利用马克笔的模糊边缘来模仿绒面效果。毛皮披肩先用针管笔勾线，然后用不同深浅的灰色画出层次，最后用黑色与白漆笔点缀。

● **渐变色长裙**

　　使用水彩湿画法，可以较快捷地表现渐变效果，在铺完大体红色后，还要在褶皱处加深，表现出一定的层次变化。人物用水彩简单铺上肤色，在受光处留白，使画面通透亮丽。

图 7-4　渐变色长裙

图 7-3　鹿皮紧身裙

● 丝绒西装

　　丝绒的光泽精细，在面料转折处尤其明显。可用水彩的半湿画法层层加深。衣身暗部的颜色要特别饱满浓厚，这样才能表现出丝绒的材质特点。

图 7-5　丝绒西装

图 7-6　豹纹外套

● 豹纹外套

　　根据豹皮的特点先铺底色，底色既要有深浅变化又要过渡自然，所以适用湿画法。待画面干后再用深啡色和黑灰色点缀花纹，最后用白色提亮，使之形成豹皮的光泽感。其他部分用水彩干湿兼顾地表现，注意留白。

●蛇皮短夹克

先用铅笔画出蛇皮图案的大致轮廓，根据蛇皮的深浅块面铺色。用小笔蘸取深色，参照实物图片有耐心地画出蛇皮的纹样。然后在褶皱背光处用水彩叠色加深，使服装具有一定的立体效果。

图 7-8　拼色夹克

●拼色夹克

夹克衫采用高亮光泽表现面料。先用马克笔涂画服装大体颜色，尽可能留白，出现高光部分，暗部深处要多涂几遍，逐渐加深。完成后再用白色漆笔按照衣纹的褶皱走向补画光色线条。

图 7-7　蛇皮短夹克

● 棒针罩衫

粗棒针衫的表现重点是织物的纹理和粗糙的表面。可以直接用马克笔有耐心地画出棒针罗纹，罗纹纵向用直线表示，反平针横向用波纹表示，绞花正反用 S 形图案表示。

● 薄纱沙滩裙

水彩最适合表现轻薄透明的质地。薄纱面料下的肤色要表现出通透感。注意同种色彩的微妙变化，并用深色勾画服装线条和阴影。即使单色的服装也可以表现出丰富的层次美感。

图 7-9　棒针罩衫

图 7-10　薄纱沙滩裙

● 单肩斜褶灯笼裙

　　一款不对称式小礼服。采用打褶的工艺塑造具有膨胀感的外观，斜向的褶痕产生出拧转的趣味，鲜艳的色彩体现出活泼轻松的氛围。

图 7-11　单肩斜褶灯笼裙

图 7-12　斜向褶裥裙

● 斜向褶裥裙

　　宽松式褶裥吊带裙。用密密的硬褶装饰吊带，使其形成优美的蜗旋造型。松身的直线条让身体体验空间的自由感。利用不对称折叠手法使原本衣料的褶痕形成放射状的线条变化。

● 横向衣褶上衣

　　水平的横向衣褶具有乖巧平和感，搭配弧线侧峰袖山、毛皮圈领、合身人字呢过膝裙，以及精巧的树脂腰链，体现出温润的气质。

图 7-13　横向衣褶上衣

● O 型宽松外套

　　宽松活泼的 O 型外套、中袖、双层领、弧线下摆设计，在局部有镶拼缎面，并缉线装饰，丰富了服装的造型变化和质地对比。

图 7-14　O 型宽松外套

● 立领、灯笼袖衬衫

　　白色立领灯笼袖衬衫，采用抽褶
的方法隆起袖山，塑造体量感；直身精
纺长裤，局部镶拼镂空皮革，加强色
彩、质地对比，具有古典俊朗的风格
特点。

● 波浪造型连身裙

　　轻薄的面料具有梦幻的气
息。上身采用密密的抽褶形成丰
富的肌理表面，裙身用层层相叠
的波浪营造蓬松丰满的体积。
单纯的色彩不会破坏面料的
叠加层次及韵律节奏。

图 7-15　立领、灯笼袖衬衫

图 7-16　波浪造型连身裙

● 垂荡领针织衫

　　柔软而有弹性的针织面料适宜垂挂和紧身的造型。双层裙子可以衬托蕾丝面料的精致花纹。

图 7-17　垂荡领针织衫

● 后背垂荡礼服裙

　　厚重的丝绒面料最具有华丽隆重的气氛。墨绿色丝绒与金黄色缎面相互映衬，深度垂荡的后领勾勒出背部的优美线条。局部刺绣显示礼服的精美、高贵。

图 7-18　后背垂荡礼服裙

● 硬质密褶裙

硬挺材料具有挺直的外观线条，肩部的折拢可以形成立体感很强的造型，裙部的褶皱形成了强烈的支撑形态，在整体上呈现出明显的 X 字母造型。

● 布纹肌理礼服裙

压褶、缝钉、抽缩等手法可以在面料上形成不同的肌理效果，此款礼服运用大小疏密不同的褶缝表现面料再造的手工趣味。

图 7-20　布纹肌理礼服裙

图 7-19　硬质密褶裙

● 细条编拼礼服装

此款连衣裙运用布条编结形成的图案作为装饰趣味，与整体的大面积披挂造型形成明显的繁简对比，编结形成的镂空成就隐约透视的效果。

● 基本型女西装

基本型女西服套装是职业女装的典范，线条修身，面料考究，工艺精致，造型简洁，彰显干练果断的职业风范。

图 7-22　基本型女西装

图 7-21　细条编拼礼服装

参 考 文 献

1. 潘春宇.服装画技法［M］.南京：东南大学出版社，2009.

2. 苏石民，包昌法，李青.服装结构设计［M］.北京：中国纺织出版社，1997.

3. 王家馨，赵旭堃.应用服装画技法［M］.北京：中国纺织出版社，2007.

4. 周启风.服装设计与时装画技法［M］.北京：清华大学出版社，北京交通大学出版社，2004.

5. 刘元风.时装画技法［M］.北京：高等教育出版社，1993.

6. 何智明，刘晓刚.服装绘画技法大全［M］.上海：上海文化出版社，2005.

7. 胡晓东.服装设计图人体动态与着装表现技法［M］.武汉：湖北美术出版社，2009.

8. ［美］凯特·哈根.美国时装画技法教程［M］.北京：中国轻工业出版社，2010.

9. 李明，胡迅.服装画技法［M］.杭州：浙江摄影出版社，1998.

10. 缪良云.中国衣经［M］.上海：上海文化出版社，2000.

11. 朱秀丽，鲍卫君.服装制作工艺基础篇［M］.北京：中国纺织出版社，2009.

12. ［英］克里斯·杰弗莉.服装缝制图解大全［M］.北京：中国纺织出版社，1999.

13. 陈立.刺绣艺术设计教程［M］.北京：清华大学出版社，2005.

14. 刘婧怡.时装画手绘表现技法［M］.北京：中国青年出版社，2012.

15. 陈彬，彭灏善.服装色彩设计［M］.上海：东华大学出版社，2012.